今日は
どこ行く？

時期別、見どころの野鳥と環境

＊本州中部を基準としています。渡り鳥は北海道、
沖縄などで1か月ほどずれがあります。

1月

水辺
カモ類の
ディスプレイ

里山
漂鳥や猛禽類

銚子（千葉県）
カモメ類

2月

全般
小鳥たちのさえずり
や求愛

住宅地
ツバメの飛来

3月

航路
アホウドリなどの
海鳥

4月

干潟
シギ・チドリ類
（春の渡り）

公園
オオルリやキビタキ
などの渡り途中の夏鳥

5月

日本海側の離島
珍鳥、迷鳥（春の渡り）

山地
鳥のさえずりが盛ん
（特に早朝）

全般
巣立ち雛や幼鳥
＊営巣中の鳥には
観察圧を与えない
よう気をつけよう

6月

原生花園（北海道）
シマアオジ、ノゴマなど

7月

高山・亜高山
ルリビタキや
ホシガラスなど

8月

干潟
シギ・チドリ類
（秋の渡り）

ヨシ原
ツバメのねぐら入り

9月

全般
ジョウビタキや
ツグミ類の飛来

公園や里山
ヒタキ類や旅鳥など

日本海側の離島
珍鳥・迷鳥（秋の渡り）

10月

水辺
カモ類が飛来

山地や岬
サシバやハチクマなどの
タカの渡り

11月

12月

公園
カラ類の混群

出水平野（鹿児島県）のツルや
伊豆沼・蕪栗沼（宮城県）の
マガンなどの集団越冬

易しい ← 観察の難易度 → 難しい
＊発見の難しさや見られる場所へのアクセスのしやすさ

JN086959

はじめに

鳥見（バードウォッチング）は老若男女
誰でも気軽に始められる趣味です

その楽しみ方は「見る」だけでなく
人によってさまざまです

春夏秋冬いつでも見どころはありますが
これから始めようと
思っている人には冬がオススメです

本書では、鳥見をしたいと思ったときに
知りたいこと、知っておいてほしいことを
紹介します

本書を読んだら、ふだんの
生活の中で以前よりちょっとだけ
鳥が目にとまるようになると思います
そして、少し人生が
豊かになる……かもしれません

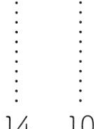

Contents

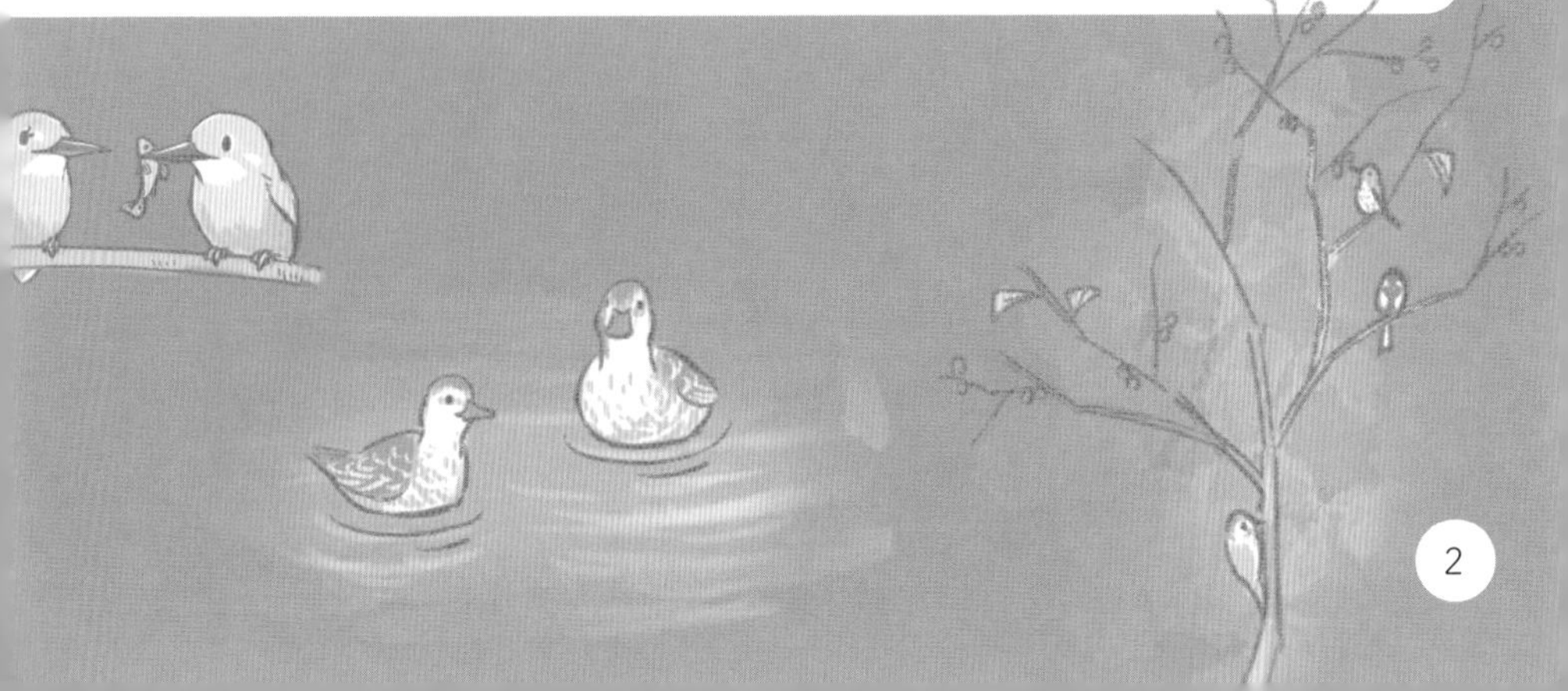

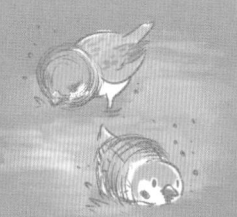

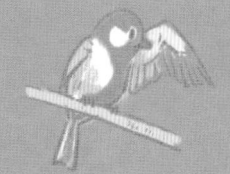

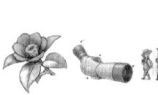

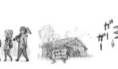

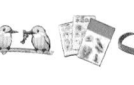

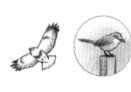

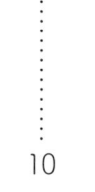

ピヨ

ある初冬の朝のこと―
ヒュウッ
それは人生を変える出会いだった
ずぅ〜〜…ん…
はあ
会社行きたくない
鳥谷《とりや》 一歩《はじめ》（24）
会社員2年目

会社と自宅を往復するだけの平日
…
…
激務の反動で家で寝るだけの休日
ピタッ
このままでいいのだろうか
何も生きがいが見いだせない

この人・・・
最近朝によくいるな
こんな街なかで何を見てんだ?
まさかのぞきとか…?
カッヒッ
・・・
じー…
動物?
え?
あ
すみません
何か面白いものでもいるのかな〜って
・・・
にっ
よろしければ使いますか?
よーく見えますよー

その日―
ボクは
ひと目惚れした―

ぴこっ
トゥンク♥
「鳥」にー
か…
かわいい…
10分後ー
かわいい…
あのー
お仕事大丈夫ですかー？

今日からはじめる ばーどらいふ!

Episode1
人生を変えるきっかけ鳥とは？
へー
ジョウビタキっていうんですか
尾をよく震わせる
ふるるっ
初めて見ました
珍しい鳥なんですか？
冬にやってくる「普通種」ですよー
え？
「普通」？
おじぎのような動きもよくする
ぺこっ
ぺこっ
はい
普通に見られるので普通種です
でも・・・知らないと近くにいても気づかないですよねー
それが普通です

ボクは気づけて よかったです
ありがとう ございました
こちらこそ
野鳥に興味を もってくれて ありがとうございます
私も通勤がてら 毎朝調査 してるので
ゴソ ゴソ
またいつでも 気軽に声を かけてください
文一公園 レンジャー
冬野ことり
市民のみなさまに 自然のことを 伝えるのも
お仕事 ですのでー
・・・
レンジャー
ドーン
たぶん 思ってるのと 違いますね〜

身近な鳥に目を向けてみよう

ジョウビタキか…
ちょっと検索してみようかな
カタ
カタ
ッターン!

ジョウビタキ

住宅地の庭先など
身近な場所にも
よくやってくる冬鳥
おじぎのような動きや
尾を震わせる動きが特徴的

オス
オスの頭は薄いグレー
白い紋があるので紋付き鳥ともいわれる
へー
今日見たのはオスだったのか

メス
メスは全体的に地味な色

人をあまり恐れず
すぐ近くまでやってくることから
「バカッチョ」や
「バカビタキ」ともいわれる
しかし実際には人間をよく見ており
草刈り後にやってきて
食物をついばんだりしている
実は賢い鳥なのかもしれない

こんなに近くで逃げないなんてバカな鳥だ…
利用されているとも知らずにバカな人間だ…
・・・と思ってるかも?…

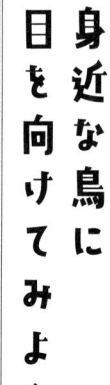

ヒタキの名前の由来

冬、ジョウビタキは
自分の食物を確保するためのなわばりをもつ
盛んに「ヒッヒッ」や「カッカッ」と
鳴くのはなわばり宣言

この鳴き声は火打ち石を叩いている
ようにも聞こえるということで
「火焚き」という名前がついた

ジョウビタキは漢字をあてると
「常鶲」「上鶲」などがあり
秋に「常」に来ることから「常鶲」
ヒタキの中でも上等という意味で
「上鶲」とするなどの説がある

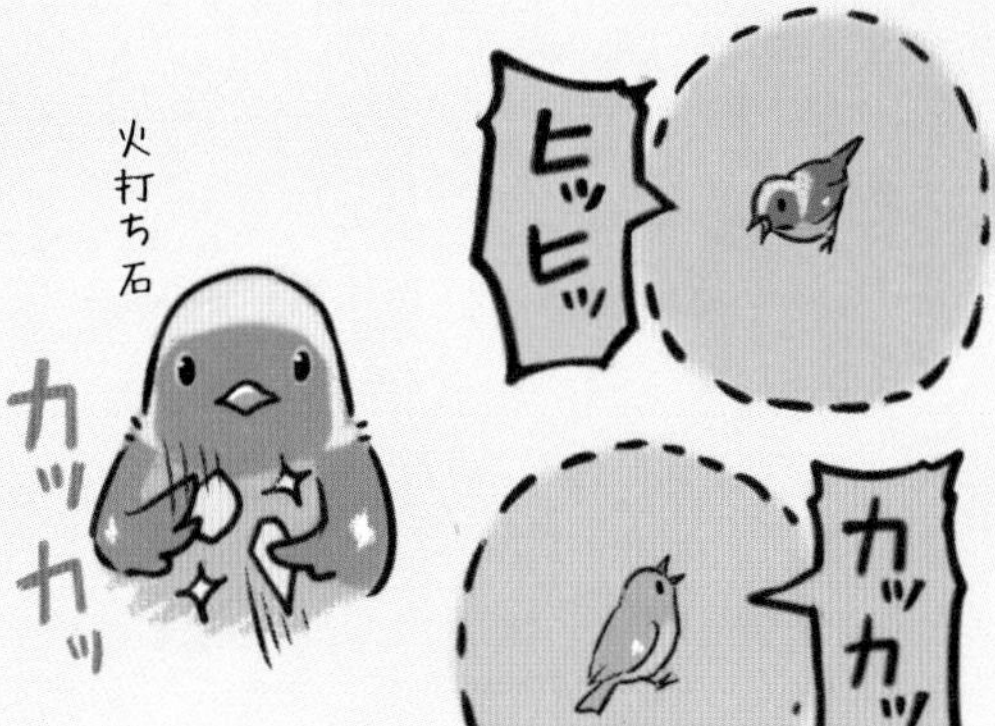
ヒッヒッ
カッカッ
火打ち石
カッカッ

その他
身近で見られる
ヒタキたち

キビタキ
(夏鳥)
ルリビタキ
(漂鳥)

きっかけ鳥とは？

鳥見を始めるきっかけとなった鳥のこと
美しい鳥やかわいい鳥のことが多い
人によってそれぞれだが
最も鳥見人を増やしたと考えられるのは
水辺の宝石「カワセミ」

数多の鳥屋を
生み出した
カワセミ様

明日も
会えるかな…
ジョウビタキに

Episode2

鳥は身近にたくさんいる

次の日
しゅん…
会えなかった
ジョウビタキに
そういう日もありますよー
家にあったオペラグラス
相手は野生動物ですからねー
でも
それもまた面白いところなのかも？
出会えたり出会えなかったり
なんだか変わった人だな…
少し一緒に歩いてみますかー？
方向同じですよね
あ
はい
あれはムクドリ
へー

シジュウカラ
かわいい
ハシブトガラス
カラスにも種類が？
ツグミ
ドバト
コゲラ
……
驚きました…
身近にこんなにも鳥がいるなんて
私はそこの公園が職場ですから
でわー♪
あのっ！
明日は
会えますか？
…ジョウビタキに
相手は「野生動物」ですからね～
このあたりのなわばりにはいると思いますよ
…

身近に見られる鳥はたくさんいる！（冬）
スズメ・カラス・ハトだけじゃない！
トビ
キジバト
ムクドリ
メジロ
シジュウカラ
ヒヨドリ
ハシブトガラス
ハシボソガラス
エナガ
ジャッ
ウグイス
チッ
アオジ

スズメ
ドバト
コゲラ
なんでこんなに
鳥がいるのに
今まで気づかなかったん
だろう？
知識や関心があるか
どうかですかね？
知識や関心？
人間、どんなものでも
知らないと視界に
あっても注意がいかない
ものです
関心がなければ
目を向けようとも
しませんからね
なるほどー
「鳥はたくさんいる」と
意識を変えるだけでも
見つかり方がだいぶ
違うと思いますよ
確かにボクは
スズメ・カラス・ハト
くらいしかいないと
思っていました
ちなみに1年を通して
見たら、このあたりは
50種類は見られますね
……
ははは
まだちょっと先入観が
あるようですね〜
ジョウビタキ
ハクセキレイ
カモ類
ツグミ

Episode3
鳥を見つけるためのコツ
キョロ
うーん
キョロ
今日はちょっと鳥を気にしてみたけど
昨日ほど見つからないな
おはようございまーす
ことりさん
今日はあまり鳥がいませんね？
そうですかー？
私はここまでで１０種類以上見られましたよ
種数は重要じゃないけど
え？
そんなに？
コッコッ
あっ
コゲラ
ことりさんもしかして…

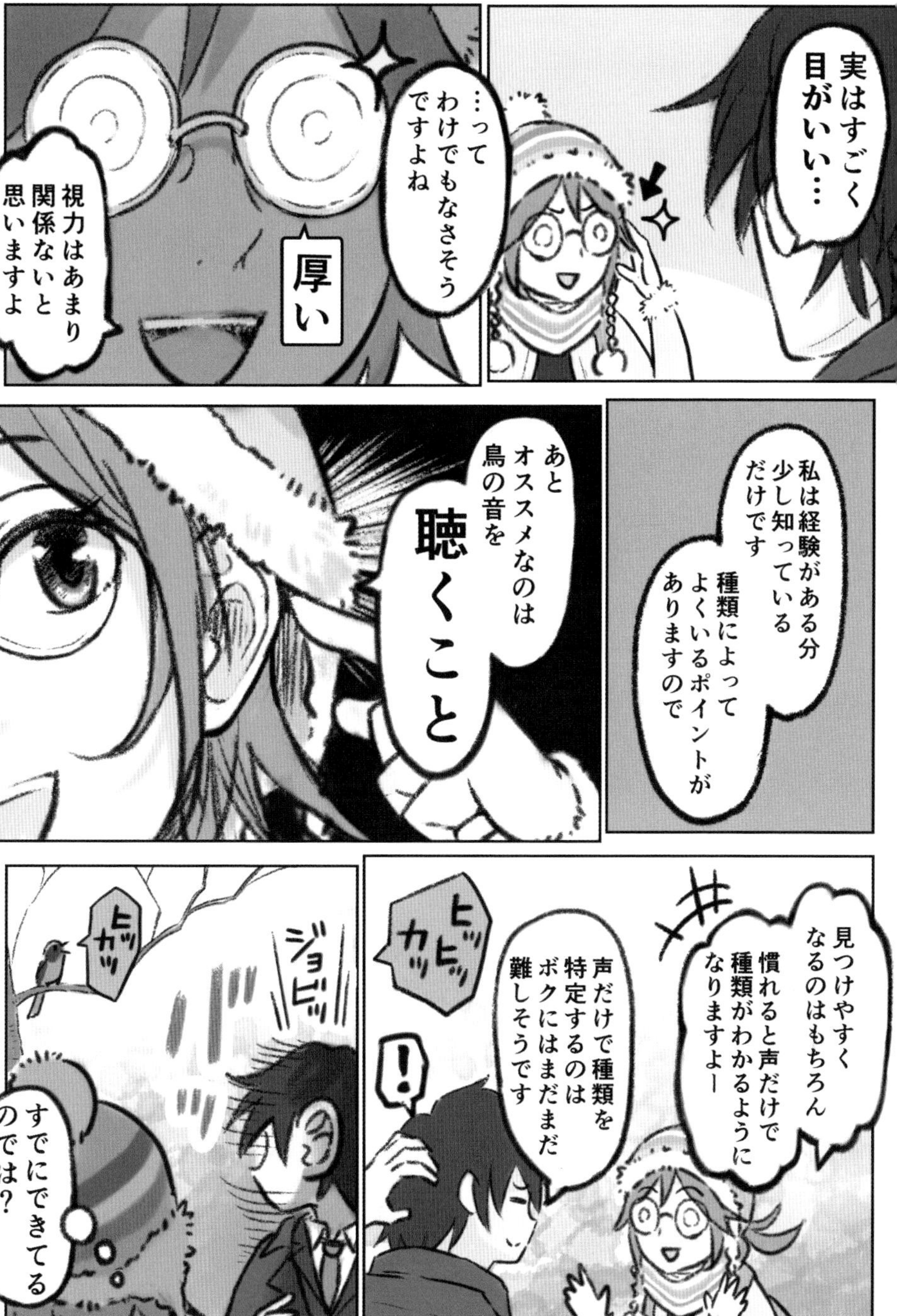
実はすごく目がいい…
…ってわけでもなさそうですよね
厚い
視力はあまり関係ないと思いますよ
私は経験がある分少し知っているだけです
種類によってよくいるポイントがありますので
あとオススメなのは鳥の音を聴くこと
見つけやすくなるのはもちろん慣れると声だけで種類がわかるようになりますよー
声だけで種類を特定するのはボクにはまだまだ難しそうです
ヒッヒッカッ
!
ヒッカッ
ジョビッ
すでにできてるのでは？

鳥がいるのはどんなところ？

鳥によってよくいる場所はそれぞれですがジョウビタキだと低木とか杭の上などによくいますねー

確かに高い木の上とかにはいない気がします

なんとなく景色を見るより鳥がよくいるポイントを意識して探すと格段に見つかりやすくなります

上空

天気がよく、上昇気流が発生しやすい日には猛禽類も見つかるかも

杭の上

ジョウビタキ、モズなどが地上の食物をよく探している

電柱・電線

カラス、ハト、スズメ ムクドリなど都市の鳥の止まり場

地上

ハトやツグミ類などがよく食物を探している 冬が深まると、地上に落ちた木の実を食べる鳥も多くなる

木の枝

多くの小鳥類が食物を探したり休息に利用する場所 葉が落ちた落葉樹を中心に探してみよう

樹幹

キツツキ類 ゴジュウカラなどが止まりやすい

樹のてっぺん

猛禽類やカラスなどが止まる 繁殖期には小鳥もソングポストとして利用する

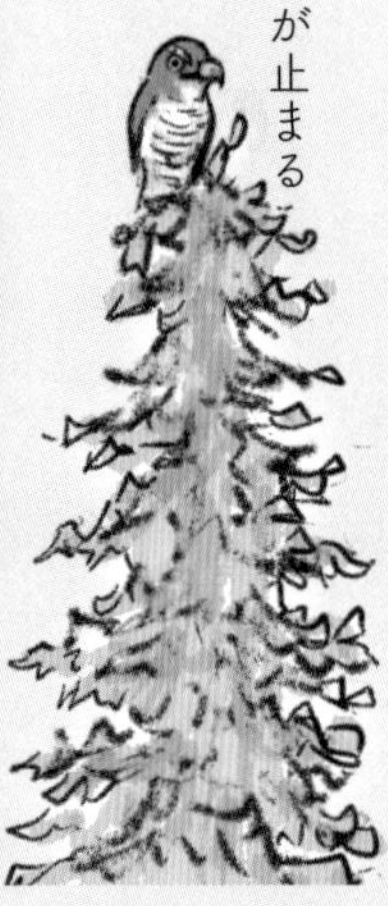

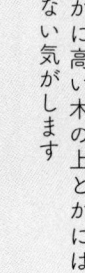

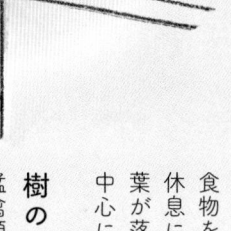

屋根の上

ヒヨドリやハト
ジョウビタキなどが
よく止まっている

ピーヨ

植え込み

姿は見えづらいが
ウグイスやアオジなど
やぶを好む種が
よく潜んでいる

ホケキョ

水辺

街なかの川でも
冬にはカモ類や
カワセミなどが
見られる

鳥の音も聞いてみよう

鳥はいろんな「音」を
発しているので、探すときの
大きなヒントになりますよー

鳥見って「見る」という
イメージが強かったので
聴くのが大事というのは
意外でした

いろんな感覚を使って
鳥を探すのは
面白いですよ

鳴き声

冬でも暖かい日には
さえずりが聞こえる
鳥の繁殖の
本番は春だが
なわばり争いや
つがい探しは
冬から
始まっている

ツーピー
ツーピー

木をつつく音

キツツキが木をつつく
ドラミングの音
コツコツとつついたり
タララララ……と高速でつつく
音の大きさでコゲラか
アカゲラなどの大形キツツキ
かもわかる

コツ
コツ

落ち葉をめくる音

ハトやツグミ類は
よく落ち葉を
ひっくり返している
地上にいる鳥は人間の
足音にも敏感なので
警戒させないように
注意しよう

ガサ
ガサ

Episode4
鳥見を始めるなら冬がオススメ
文一公園
今朝は少し遠回りして公園の池に
おぉー
すごい鳥の数ですね～
グァッ
ピリリ
ガー
グァ
グァッ
ピリリ
グァッ
グァッ
ピリリ
グァッ
夏にこの公園に来たことがあったけど・・・
こんなに鳥はいなかったような・・・
何もいなくて
し…ん
寂しい池だな
日本で見られるカモ類はほとんどが冬鳥ですからねー

↑豆知識：手すりやフェンスを利用すると双眼鏡が安定します

※雑種や珍種も多いのでカモ類は初心者から上級者まで楽しめるグループです

カモ類は鳥見
※初心者にも
オススメですよー
種類が豊富で数も多い
体が大きくて見つけやすい
求愛や採食など行動が観察しやすい
…なんだか ずーっと見ていられますねー
ですよねー
冬は鳥見にいろいろといい時期なんです
木の葉が落ちて小鳥類は見やすいし
丸見え
山の鳥も平地に降りてきてくれます
猛禽類も
鳥見か… やってみようかな
防寒対策をしっかりして
ゾクッ!!
唯一の難点は
「寒い」ことですねー

冬の鳥見がおすすめな理由

冬って生き物はあまりいないイメージでしたけど、鳥見には向いているんですね

はい、特に初心者にはオススメですねー
例えば春〜夏は葉が茂っていた落葉樹も冬になれば葉が落ちて鳥たちが見やすくなります

春〜夏
鳥は盛んに活動しているが葉が茂っていると見つけづらい

ツツピー
ツツピー

冬
落葉樹の葉が落ちて鳥の数も種類も増えて見つけやすい

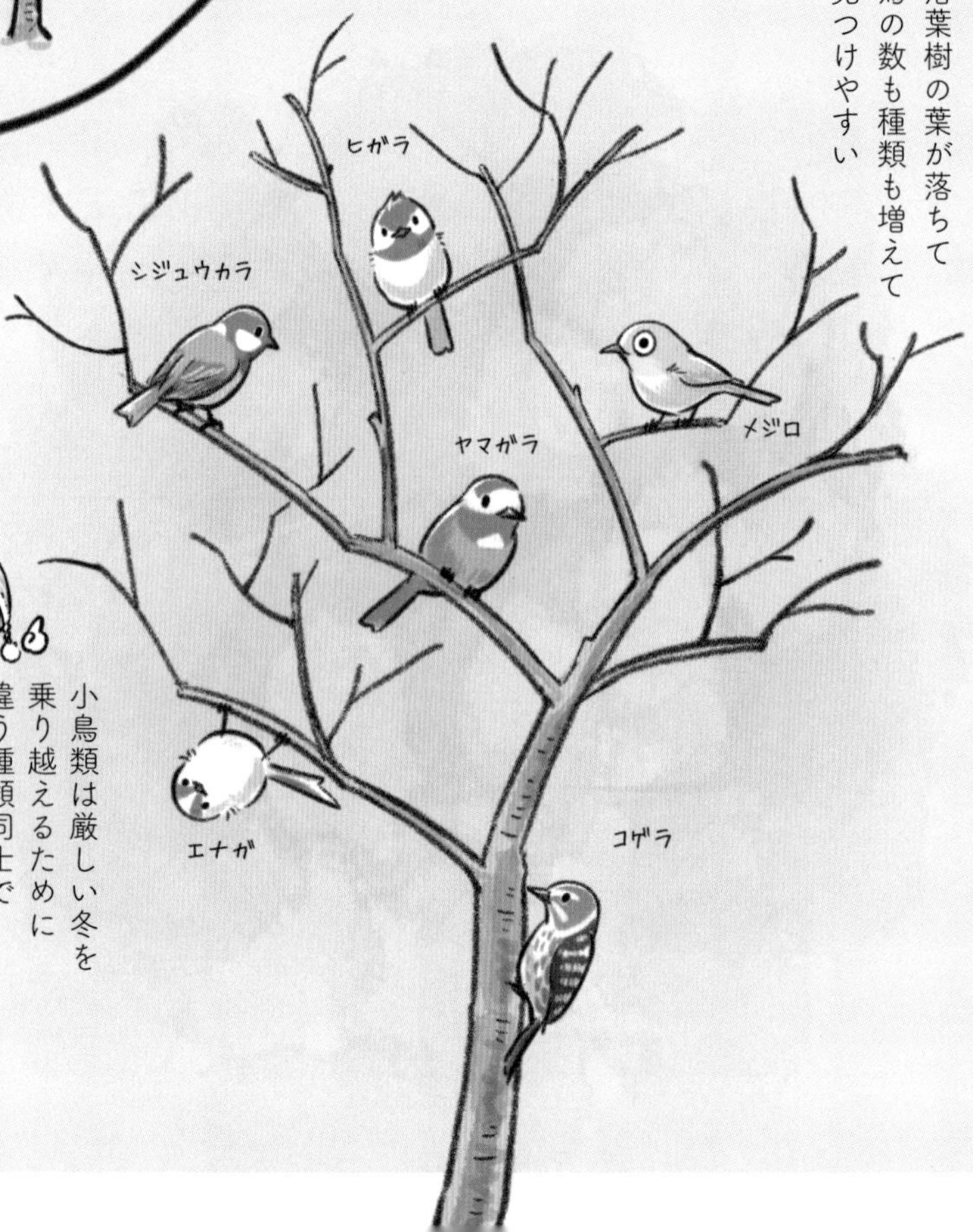
ヒガラ
シジュウカラ
メジロ
ヤマガラ
エナガ
コゲラ

小鳥類は厳しい冬を乗り越えるために違う種類同士で群れをつくる（混群）のでいろんな種類が一度に観察できてお得感もあります

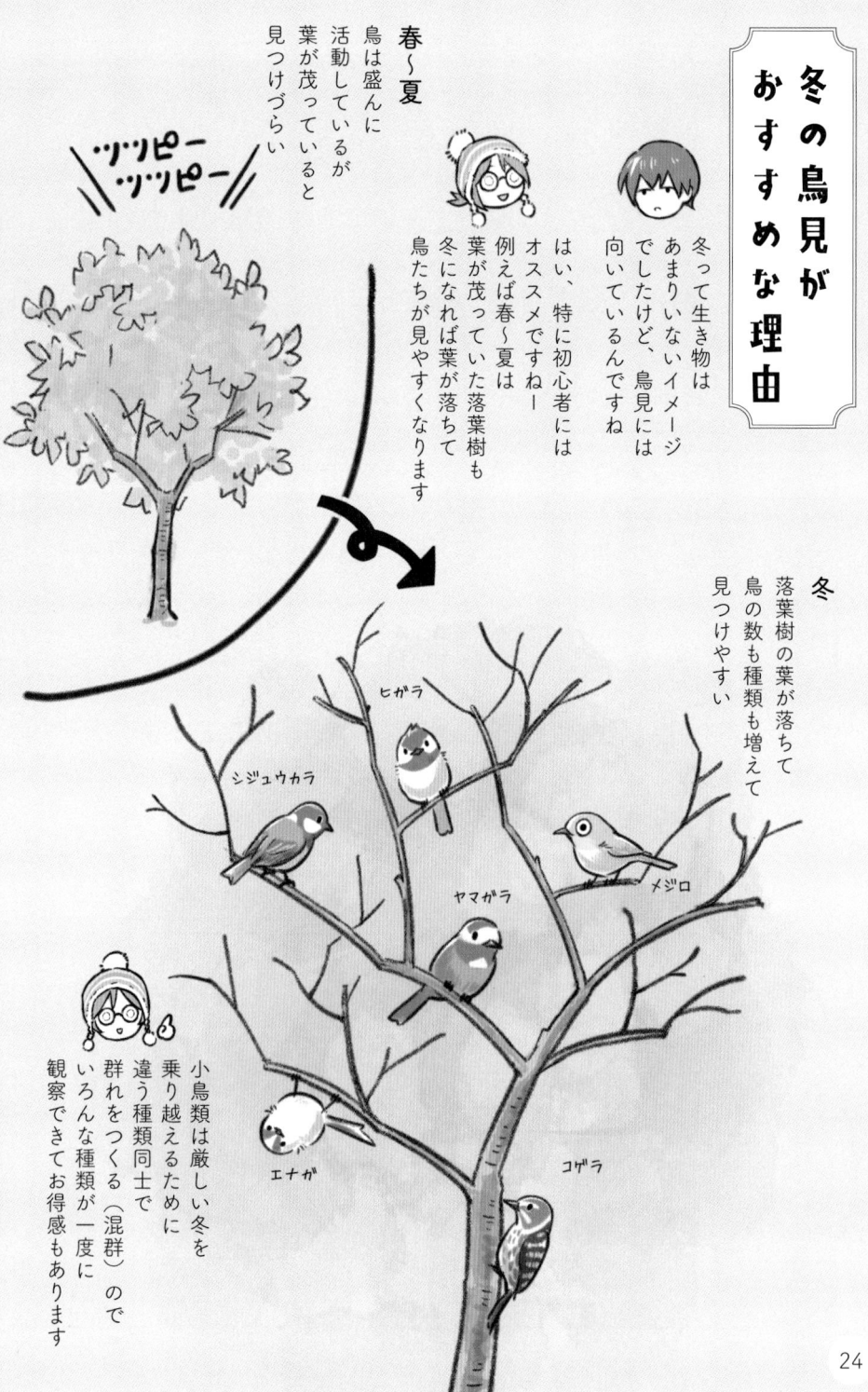

それに、冬には身近な場所で見られる種類が多いです

カモ類もこんなに見られますもんね～

冬に平地にやってくる鳥は冬鳥や漂鳥っていいます

冬鳥

日本に行こう
冬の北国は寒いし食物もない

夏は日本より北で繁殖し冬になると日本に渡ってくる鳥たち

山地で繁殖しているカッコイイ猛禽類たちも冬は平地で見やすくなる

ノスリ

ハイタカ

漂鳥

山地は寒いし雪は積もるし食物もない
平地に行こう

夏は日本国内の山地または北方で繁殖し、冬になると平地や南方に移動してくる鳥たち

逆に鳥見に向いていない季節はあるんですか？

春から夏も、もちろん鳥見は楽しめますよ ただ、強いていえば真夏は鳥見にあまり向いてないですね

なぜですか？

鳥たちも暑すぎるとあまり動かないですし人間のほうも熱中症とか怖いですからね

なるほどー

暑すぎる時期は涼しい地域に鳥見に行ったり鳥見はちょっとおやすみしてる人が多いですよー

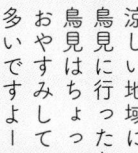

防寒対策をしよう

冬は鳥見にオススメの時期……
だけど寒さがネックです
最低限の防寒対策はしましょう
近所ならいいですけど
遠出するときは
しっかり準備したいですね
帽子や耳あて
耳が隠れる帽子や
耳あてがあるとよい
（鳴き声は少し聞き
にくくなることも）
ネックウォーマーや
マフラー
靴下
特に雪上の鳥見は
足裏が痛くなる
重ね履きもオススメ
靴
歩きやすい靴で
あれば何でも
湿地では長靴
山地では登山靴など
アウター
登山などでは軽くて保温性の高い
ダウンジャケットが理想だが、
鳥見ならふだん使いの
もので十分
双眼鏡やカメラの操作を
するので薄くて保温性の
高いものが理想的
手袋
それほど寒くなければ
フィンガーレス
タイプもオススメ
荷物入れ
安全のために
両手が空くものを
ザックは荷物がたくさん
入るが、図鑑や飲み物などが
すぐに取り出せないので
小さいウエストポーチや
ショルダーバッグが
一つあると便利
夏の鳥見のときは
つばのある帽子が必須
虫除けスプレーや
熱中症対策グッズも
あるとよい
虫除け
ずかん

オススメの持ち物

カイロ
貼るタイプは背中やお腹のあたりにインナーの上から貼ると効果的

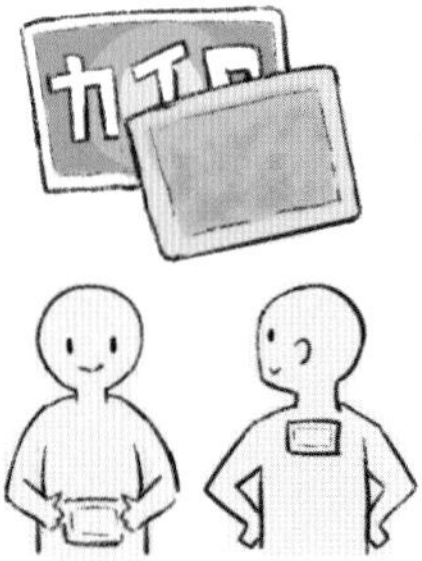
カイロ

貼らないタイプもポケットに忍ばせておくと手を温めるのに役に立つ

手がかじかんで図鑑がめくれない…
ずかん

鳥見はほかの野外活動と比べてじっとしている時間も長いのでカイロは重宝する

図鑑
フィールドに持ち出すならコンパクトなものを（35ページを参照）

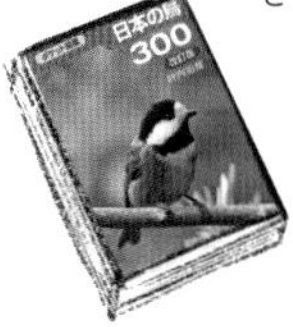
日本の鳥
300

雨具
レインウェアは初心者にはハードルが高い。一時的にしのぐだけで、平地ならば折りたたみ傘で十分

飲み物
寒い日に外で飲むコーヒーやお茶は最高。ただしカフェインが多いものには利尿作用もあるので注意

*近年、プラゴミによる海鳥への影響が深刻な問題になっている
できるだけマイボトルを持っていくといい

その他
携帯食（おやつ）
メモ帳
応急処置セットなど
必要に応じて

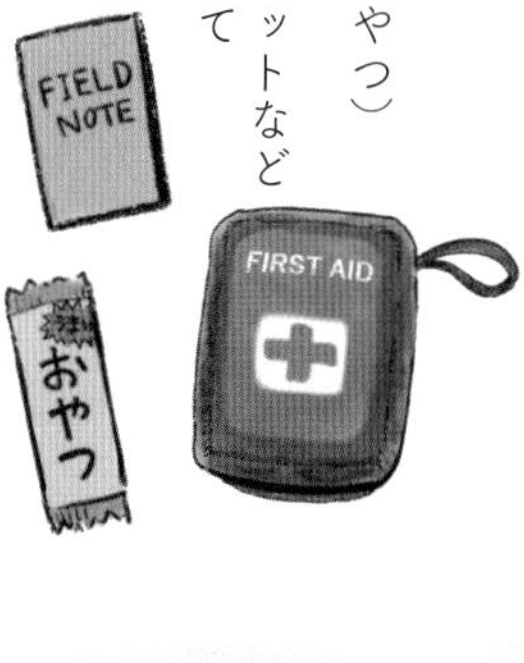
FIELD NOTE
FIRST AID
おやつ

パッキングの基本

重いものは体の近くに左右の重さが均一になるようにつめる
背負ったときのバランスが悪いと疲れやすくなってしまうので注意

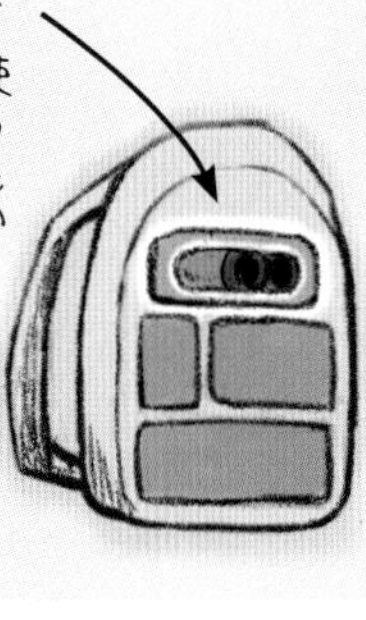
よく使うもの（双眼鏡など）はいちばん上にする

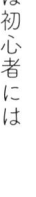

バードショップ☆トリ野郎
Episode5
双眼鏡は自分に合ったものを
うーん…
やっぱ鳥見するなら
ちゃんとした双眼鏡が欲しいけど
機種も値段もいろいろだなぁ
ズラ
違いがよくわからない
最高級クラス
高っ⁉
¥200,000
お客さん高いって思いました?
!
いえいえそんな風には!
百聞は一見にしかずです
どうぞ試用してみてください
まあ本音をいうと…
こんなに高い理由がわからないけど…
スッ
デデーポーポー

スッ
高イ理由ガ
ワカリマシタ
肉眼より世界が
美しく見えたー
双眼鏡のよさが
わかってもらえた
ようでよかったです
やべーよ
最高級クラス
値段も性能も
うーん…
ほかには…
そちら
ですか？
昔の型で少し
大きめですし
重量もありますが
よろしいですか？
¥8,000
ボクは手が
大きいから
か…
むしろ
しっくりきます
って
変ですよね？
そんな理由で
選ぶなんて
いえいえ
自分に合うと
思ったものが
いちばんですよ
CASHIER
大きい分
明るいし、視野も
広いからいいと
思いますよ
あと
安かったから
初心者には
値段も重要です

双眼鏡の種類

双眼鏡ってずいぶん種類があるんですね 倍率が高ければいいってものでもないんですか？

機種にもよりますが倍率が高くなると手ブレしたり、視野が狭く、暗くなりがちなので注意が必要です

うーん、それぞれの性能を追求するほど値段も高くなりがちなのか……

高いのにはちゃんと理由があるんですよ でも、初心者さんは1万円程度くらいで十分楽しめると思います

いろいろな大きさの双眼鏡

20mm くらい
軽くて小さく持ち運びに便利なコンパクトサイズ

30mm くらい
重量そこそこ見え味もそこそこ中口径サイズ

40mm 以上
大きく重いが明るく見える大口径サイズ

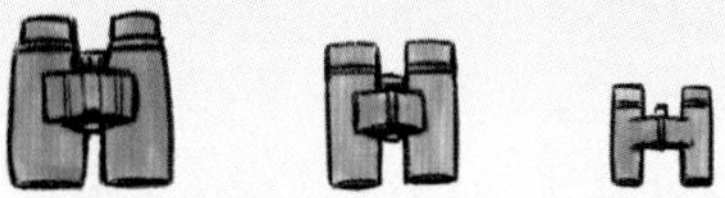

双眼鏡に書いてある数字の意味	
8 × 32	
倍率	対物レンズの有効径
初心者は8倍程度がオススメ	大きいほど明るく見える。重さと明るさで中口径がオススメ

双眼鏡の基本

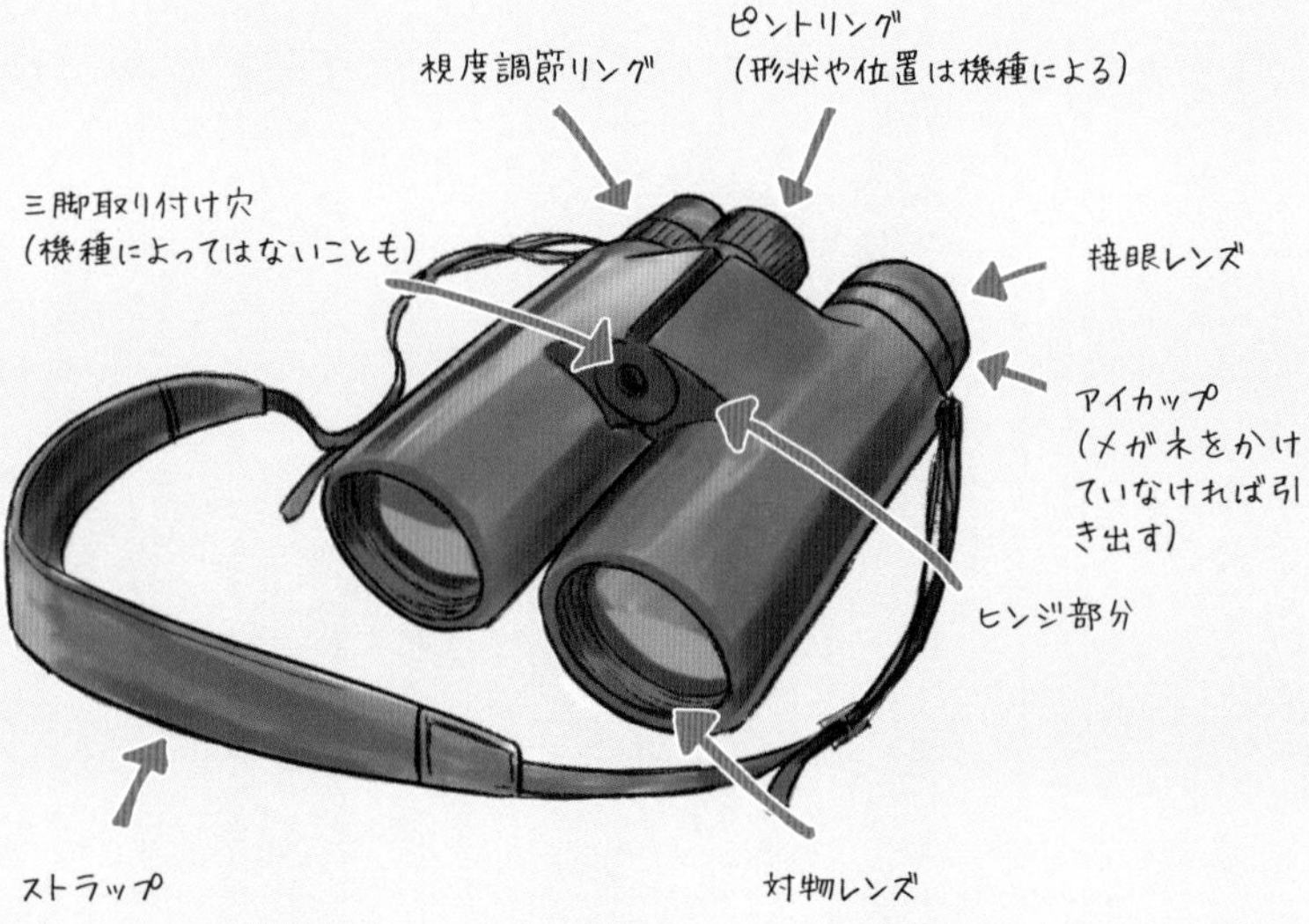
視度調節リング
ピントリング
(形状や位置は機種による)
三脚取り付け穴
(機種によってはないことも)
接眼レンズ
アイカップ
(メガネをかけていなければ引き出す)
ヒンジ部分
ストラップ
対物レンズ

使う前の準備

① ストラップを調節する

双眼鏡は精密な光学機器なので
落としたりぶつけると
故障の原因になる
安全に使うため
ストラップを
首から提げて使おう

ドキッ
身長に合わせて適度な長さに（みぞおちの上）
○
×
長すぎると周りにぶつけたりしてしまう

② 目幅を合わせる

目幅は人それぞれ
視野が一つの円に見える
ときがいちばん鮮明に
見える目幅だ

OK
NG

③ 視度を調節

左右の目で視力が
違うときは
視度調節を行う
これをしないと
疲れたり、気持ち悪く
なることがある

視度調整リングは基本的に右目側についている

【視度調整のやり方】
まず左目だけで
双眼鏡をのぞき
ピントを合わせる
次に右目だけでのぞき
視度調節リングを
回して右のピントを
合わせる

双眼鏡の使い方

① 肉眼で鳥を確認する

双眼鏡の視野は非常に
狭いので、いきなり
双眼鏡をのぞかず
まずは肉眼で鳥を探す

② 双眼鏡を構える

鳥を見つけたら視線は
そのまま動かさず
双眼鏡を目に当てる

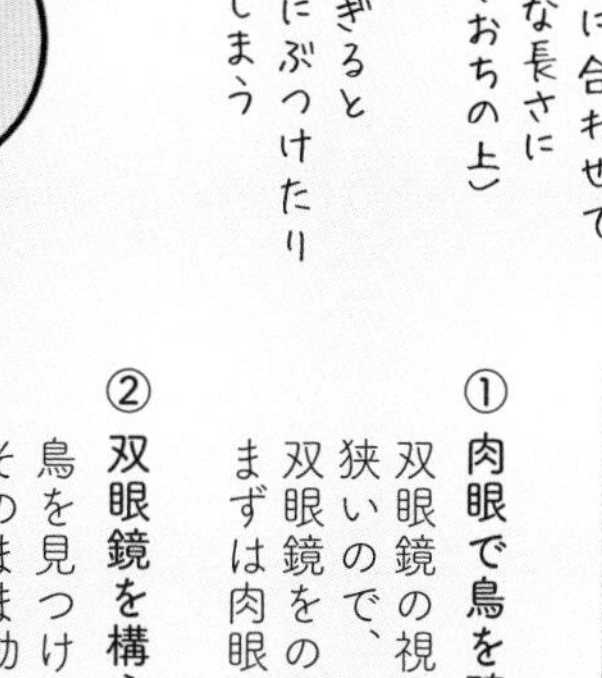

③ ピントを調節

鳥がはっきり
見えるよう
ピントを合わせる

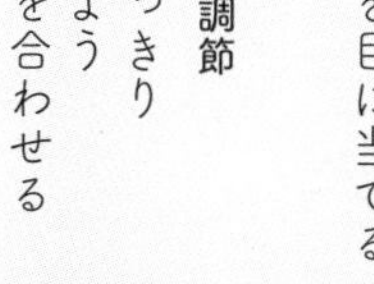
右に回すと奥にピントが合う
左に回すと手前にピントが合う

＊ピントリングの形状や位置は機種によって違います

注意！

双眼鏡で太陽や
民家をのぞかないよう
気をつけよう

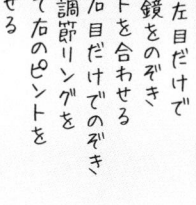

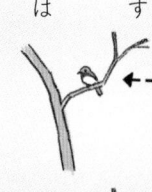

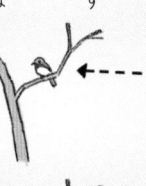

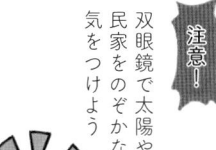

Episode6
図鑑で名前を知るのは楽しい
会社の昼休み
なあ鳥谷…
ん?
お前、最近なんか雰囲気変わったな
?はぁ…
最近鳥見を始めたからかな?
へー鳥見ねぇ…
じゃああの鳥は何?
…わわからん
ダメじゃん
あ
そうだ!
ジャーン!
やちょうずかん!
ポケット図鑑
日本の野鳥
理二総合出版
図鑑という割にはずいぶん小さくて薄いな
持ち歩いているんか
最近買った
最初はこれくらいがいいんだって

ハクセキレイ
へー
ハクセキレイ
尾を上下に振る動きが特徴的。コンビニや駐車場にもよくいる
キセキレイ
ハクセキレイ
タヒバリ
調べるのは手間かかるけど名前がわかるとちょっとうれしいな
あ…ああ…「ちょっと」うれしいな
すっごいうれしいい
やばい…人に教えてもらうのは楽でいいけど…
自分で観察して調べて…そして名前がわかるのってこんなにうれしいのか!
大丈夫か?顔ヤバイぞ
後日
ん?
何だろうあの鳥
あの鳥はね
ズバァ!
よーし!図鑑で調べよう♪
パラパラ

ときには見守ることも優しさです

鳥類図鑑の不思議 ～並び方は何順？～

ことりさん
図鑑でわからないことが……

はいはーい！
何でしょうか？

？なんだかいつもより
前のめりですね……

図鑑の並び順なんですが
何順なんですか？

ああ、それは
「日本鳥類目録」というものに
記載されている
分類順なのですよ

分類順？

ひと言で言うのは難しいけど……
例えば最新の鳥類目録では
キジ目が最初になってます

ああ……図鑑もキジ目が
最初にありますね

キジは分類学的に古い種……
進化の過程ではより原始的な
種と考えられているので
先頭にきています

へー

ただ分類学も日進月歩で
この配列順もコロコロ
変わるから、あくまでも
現時点の分類順です

最初は使いづらいと
思ってましたが
似ている種が近くに
載っているので
慣れるとこっちの
ほうが便利ですね

目や科の順番を
なんとなく
覚えられれば
すばやく引ける
ようになってきます

ハヤブサはひと昔前は
タカ目だったが、現在は
ハヤブサはハヤブサ目となり
図鑑内では少し離れて掲載
されている

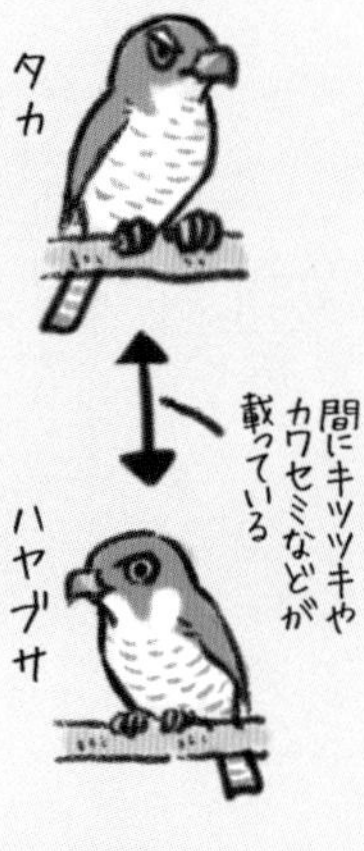
タカ
ハヤブサ
間にキツツキや
カワセミなどが
載っている

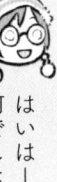

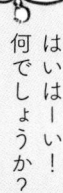

図鑑の選び方

最初はコンパクトな
図鑑が安くて実用的で
オススメですよ

普通種がわからないうちに
珍しい鳥がたくさん
載っている図鑑を買っても
結局そのページは
使わないので

むしろ分厚いと
普通種を引くのに苦労するし
持ち運びがたいへんだ……

一般的な野鳥図鑑は
普通種よりは見る機会の
少ない種類や
珍鳥、迷鳥も載っています

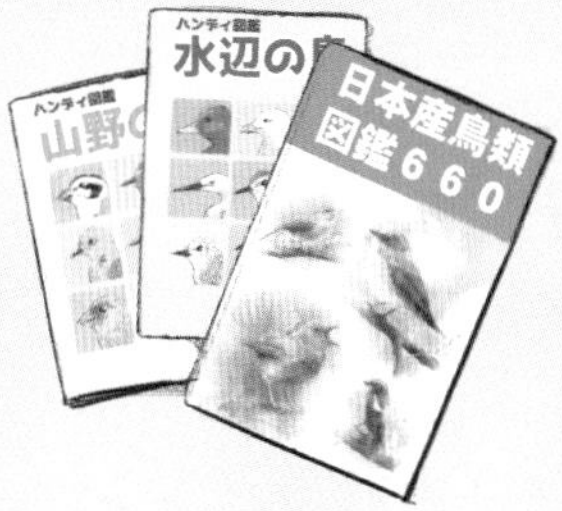

珍鳥や迷鳥を
図鑑で眺めていると
見つけたくなりますね

家に置いておく用として
買っておくのも
いいですよー

最近は電子書籍や
WEB図鑑も豊富だから
そういうのを利用するのも
いいですね

重たくてかさばる図鑑を
持ち運ばなくていいのは
楽ですねー

コンテンツや掲載種も
どんどん増えていますし
これからの時代の主流に
なるかもですね

Episode7
鳥たちの行動には面白さがいっぱい
ある日の朝
カッ
※ジョビオ
ガッ
何やってんの⁉
※ジョウビタキのオスの通称
ジョウビタキはなわばり意識が強いんですけど
鏡像認知ができないので
鏡に映った自分まで攻撃しちゃうのです
意外な一面ですね
鏡像認知とは
鏡に映った像を自分だと認知できること
カササギなどは鏡像認知ができるという
やれやれ…見た目はカワイイのにちょっとおバカなんて
まったく…
好き
鳥谷くんは本当にジョビオが好きですねー

あっ
ハクセキレイもやってきた
おぉー
よく知ってますね
でもこの前は名前がわかって満足しちゃってあんまりよく観察してませんでした
うんうん名前がわかるとうれしいですよね
でも鳥の名前を知るのはゴールではなくスタート
鳥たちの行動をじっくり見るのも面白いですよー
ですよねー今日はよく観察してみま…
バッ
!?
車のミラー
カッ
カッ
ハクセキレイお前もか!?
※ハクセキレイもなわばり意識が強い

鳥が何をしているか見てみよう

名前がわかって「おしまい」ではもったいないので時間があるときはじっくり観察してほしいですね

こんなにいろんな行動が見られるんですねー

採食

鳥が生きていくために最も重要な行動で一日の大半は食事と食物探しに費やしている
冬は植物の実や種を食べていることが多い

求愛

鳥の繁殖期のメインは早春〜初夏だが、早いものでは冬からディスプレイや求愛が見られる
なお、ハトは一年中繁殖できる

さえずり

冬の間でも暖かい日にはさえずりが聞こえることがある

交尾

早春によく見られるがカモ類などでは冬の間でも見られる（擬似交尾）

羽づくろい

鳥にとって羽毛は体温保持や飛翔のために重要な部位なので一日に何度も手入れする

つがい同士では相互羽づくろいも見られる

寝る

カモなどの夜行性の鳥は昼間は寝ている姿がよく見られる

嘴（くちばし）や足などの冷えやすい部分は羽毛の中に入れる

伸び

羽毛の重なりを整えたりストレッチをする

水浴び

羽毛の汚れや寄生虫を落とすために冬でも水浴びはする

ここで紹介したのはごく一部で、ほかにもいろんな面白い行動があります

そういえばこの前水浴びならぬ砂浴びをしているスズメを見ました

そういう種類ごとのユニークな行動もありますよ～

Episode8
「カラス」という種名の鳥はいない
♪テレッテーテ♪
8:00
鳥見が楽しくなる
野鳥すごいヨ♪
第10回　似ている鳥を見分けよう！
♫チャラァ〜〜ン♪
こんな番組があったんだ?
今日も楽しくレッツ！ウォッチング♪
鳥に関心をもってからというもの
鳥関係のものはやたらと目にとまるなー
今日のテーマは最も身近な鳥の一つ！
きゃぴ☆
カラスだちゅん♪
みんなー！カラスってよく見たことあるカァな〜!?
イタタタ…
うわぁ…ノリがちょっと恥ずかしいな〜

ちょっと近づいて見てみよう♪（小声）
そ～…
カラスという種名の鳥はいないよ（小声）
あれはハシボソガラスだね♪（小声）
コトリちゃん ほかにはどんなカラスがいるんですか？
実は身近な場所では「2種類」のカラスがいるちゅん♪
……
ん？
コトリちゃん？
嘴が太い ハシブトガラス
嘴が細い ハシボソガラス
ハシボソ
ハシブト
すんでいる場所もちょっと違って…
また観てちゅん～♪
…
知りません。
え？…でも
そんな人は知りません。
その話題に触れるなオーラ

似ている身近な鳥を見分けてみよう

それにしても
なんでその人が私だと思った
んですか？

決め手は目の下の
ホクロでした

はい、なるほどー
ちなみに鳥にも
識別のポイントになる
場所があります

（あれ？流れで鳥見の
話にされた……？）

フィールドマークとも
呼ばれますが
そのポイントだけに
注目すれば、似ている種類を
見分けやすいですよー

外見すべてを覚えようと
したらたいへんですもんね

おさらいがてら
カラスの違いを
ちょっと紹介しますね

カラスを見分けるポイント（フィールドマーク）

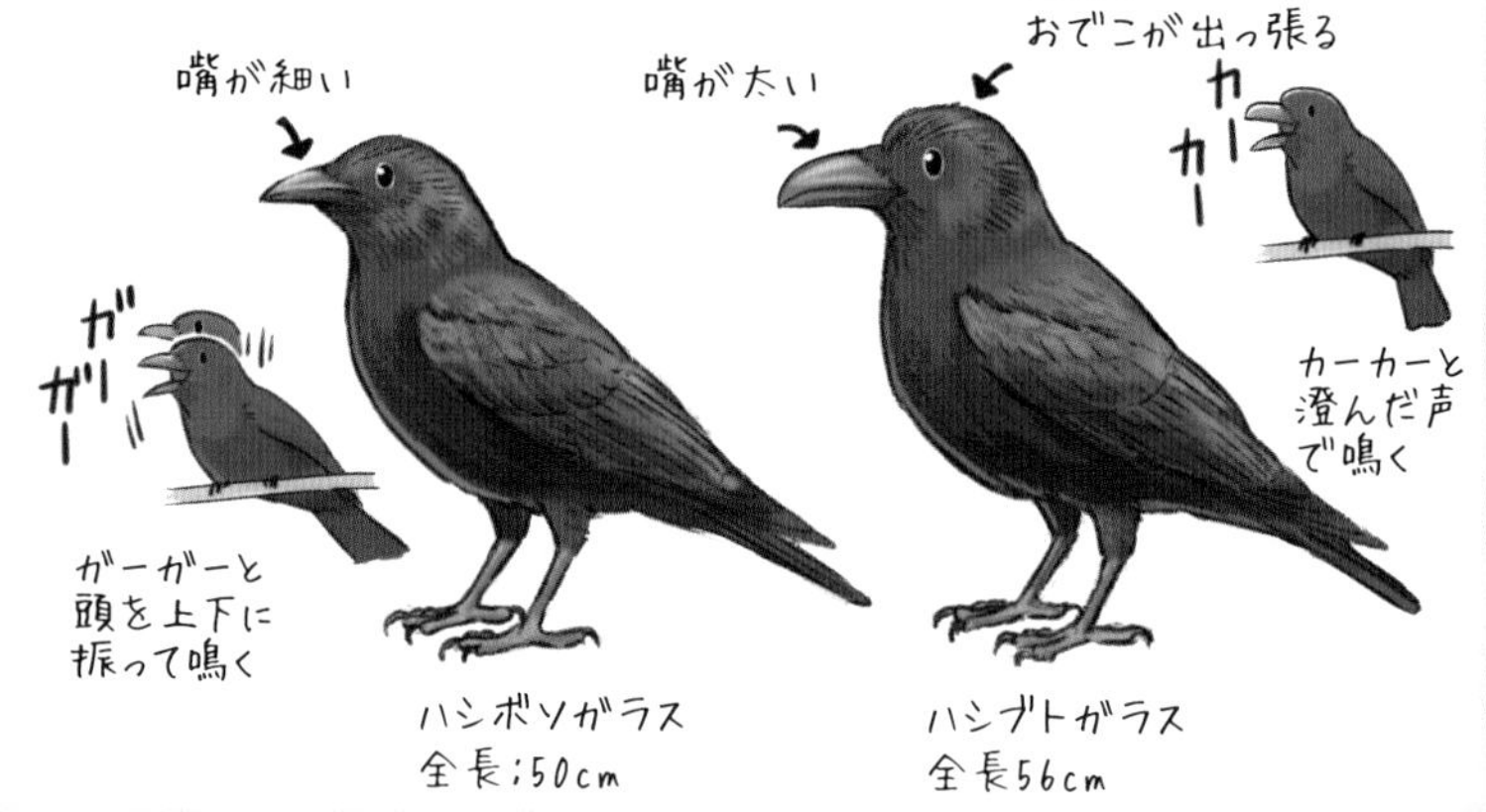

嘴が細い
ガー
ガー
ガーガーと
頭を上下に
振って鳴く
ハシボソガラス
全長：50cm
嘴が太い
おでこが出っ張る
カー
カー
カーカーと
澄んだ声
で鳴く
ハシブトガラス
全長56cm

その他の国内にいるカラス

ミヤマガラス
コクマル
ガラス など

鳥見を始めるまでは
カラスは「カラス」だと
思っていました……

普通はそうだと
思います
それで暮らしに困る
訳ではないですから

でも見分けられると
世界が広がったように
感じて楽しいですねー

見た目は似ていても
観察していると生態が
全然違うのがわかりますよー

ハトの仲間

頸（くび）に
しま模様
うろこ状の模様
上嘴に白くて
大きいろう膜が
目立つ
ドバトは灰色ベースの
個体が多いが、
さまざまな模様がある
キジバト
ドバト

セキレイの仲間

名前のとおり
頭頂から
背中が黒い
冬羽は
背中が
灰色
細い黒線が
眼の上を
通る
セグロセキレイ（オス）
ハクセキレイ（オス冬羽）

大形ツグミ類

アカハラ
シロハラ
名前のとおり
お腹が赤っぽい
白腹というほど
白くはないが
アカハラより白っぽい

サギ類

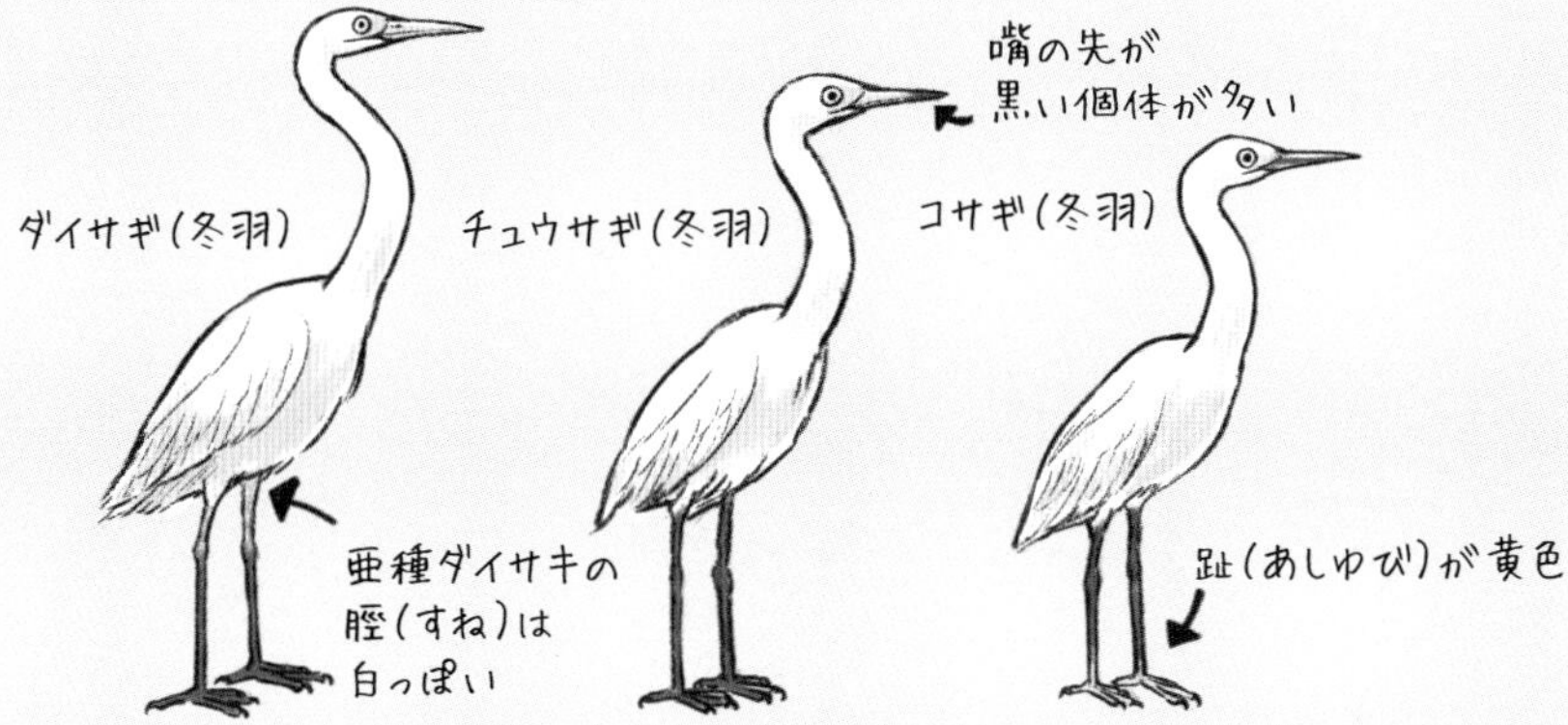
嘴の先が
黒い個体が多い
ダイサギ（冬羽）
チュウサギ（冬羽）
コサギ（冬羽）
亜種ダイサギの
脛（すね）は
白っぽい
趾（あしゆび）が黄色

Episode9
マイフィールドをもとう
休日の昼下がり－
…
今日もカモを見ようかと思い公園にやってきた
やってきた…けど
こんにちわ～
ことりさん仕事中？
すっかりマイフィールドですね？
マイフィールド？
マイフィールドというのは
鳥見によく通うお気に入りの場所のことです
マイフィールドは人によってそれぞれですが
里山
河川敷
公園
海辺
多くの人は近場でそこそこに鳥が見られる場所を一つか二つもっていますよ

マイフィールドは
通うたびに違う
発見がありますし
一日だって
同じ自然は
ありません
マイフィールドを
もつのは鳥見の
面白さの一つ
ですよ〜
はい
今日はさっそく
一つ発見が
ありました
カモたち
って・・・
昼間は
休んでいることが
多いですね
スヤァ・・・
寝ている
カモは
つまらない？
・・・いえ
これはこれで
面白いですね
基本的に夜行性
ですからねー
この前は朝だから
まだ起きてたけど…
でもあんまり
見るとカモに
悪いかなぁ
見ている
見ているのを
るぞっ
眼だけちょっと
開いてたりする

オススメのマイフィールド

公園

公園は散歩をしたり、遊んだりする場所というイメージですが探鳥場所としてもオススメです

樹林、水辺、林、芝生……と環境も豊富だから鳥もたくさん見られますね

公園の鳥たちはいつも人の近くにいるので、警戒心も薄くて観察しやすいですよ

初心者としては近くで見られるのはうれしいです

ビジターセンターなどの施設があり常駐の職員さんがいる公園では旬の鳥の情報などを聞くことができます

ことりさんいつもありがとうございます

河川敷

河川敷は見通しがよくて水鳥も多く見られるので初心者向きでもあります

開放感があって、遠くまで見えて気持ちいい……

サギ類やチドリ類など公園にはあまりいない水鳥も見られますよ

冬に見られる鳥

サギ類、カモ類、アオジ
オオジュリン、ヒバリ
ツグミ、トビ、ノスリ
オオタカ、チョウゲンボウ
カモメ類、セキレイ類など

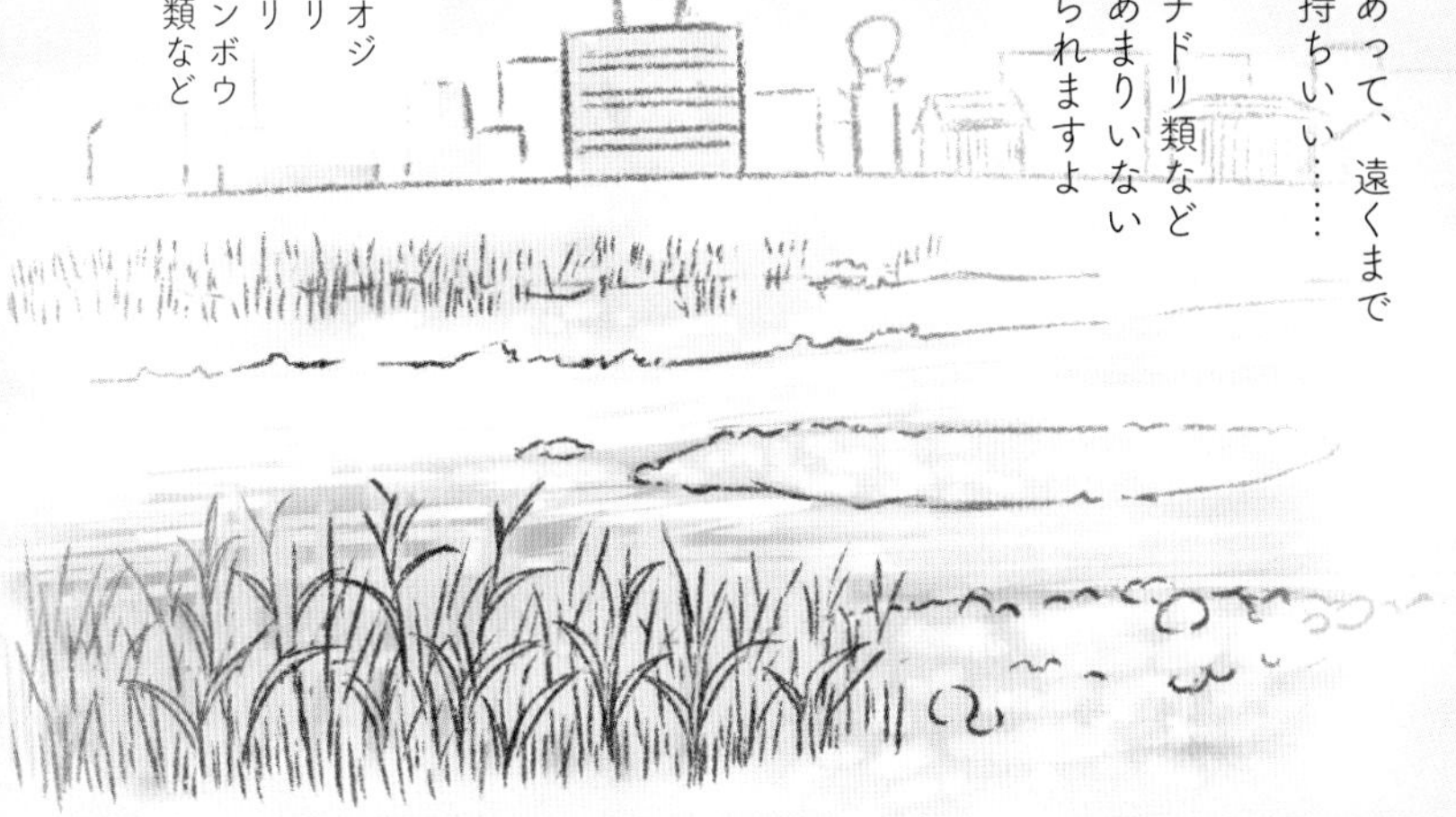

通勤・通学路

通勤路や通学路でも十分にいろいろな鳥が見られますよ

鳥見は時間も場所も選ばないのがいいところですね

街路樹、庭木、電線などを探すといいですが、住宅地では怪しまれないように、双眼鏡の扱いにはちょっと気をつけたほうがいいですね

冬に見られる鳥

ハシブトガラス、スズメ
ムクドリ、シジュウカラ
ハト類、コゲラ、メジロ
ツグミ、ハクセキレイなど

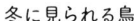

Episode10
探鳥会に参加すると
いろいろ楽しい
ガヤ
ガヤ
ガヤ
探鳥会
ことりさんに
誘われ
月イチで
やってるん
ですよー
へー
探鳥会
というものに
きてみた
探鳥会
○月×日
無料
初参加の方
ですかぁ?
ぬっ…
ビクッ
はっ
はい!
では
こちらに記名を
保険の関係で
ふぁっ!
すごい
カメラ
ほかの人たちも
みんなすごい
ベテランっぽい
ゴゴ
ゴゴ
自分みたいな
素人が参加して
いいのかな…?
※注
鳥谷視点

探鳥会
はじめまーす
ゾロ
ゾロ
コソ
コソ
最後尾でひっそりと迷惑かけないようにやり過ごそう…
ヒソ
ヒソ
…
…
1時間後―
ヂュルル
ヂュルル
ツーピー
ツーピー
ニヤリ
鳥谷くんもっと前に来て見なよ
わい
わい
鳥谷くん
こっちにはカワセミが入ってるぞ
鳥谷くん
これは知ってる？
鳥谷くん
こっちにはエナガが
初参加の彼なじんでいるようでよかったね
みんな教えたがりですからね～
教えたがりの一人
探鳥会はどこも初心者「大歓迎」です

探鳥会に参加して鳥仲間を作ろう

「探鳥会」って何？

探鳥会、というと難しく聞こえるかもしれませんが要はみんなで鳥見をしようって集まりです

最初は緊張しましたがみんないろいろと親切に教えてくれました

ベテランは基本的に教えることが好きです人に教えると知識も整理されて教える側にもいいので何でも気軽に聞くといいですよー

何でも気軽に聞くといいですよ♪

き…聞きづらい…（誰？この怖い人…）

探鳥会のメリット① 鳥を見つけやすい

探鳥会のメリットはなんといっても目が多くなることですねー

種類も数もたくさん見られて幸せです♪

鳥を教えるときには声と動きは小さく
勢いよく指差したり大声で話すのは控えよう

探鳥会のメリット② 鳥友達ができる

探鳥会に参加した人はその後も一緒に鳥見に行ったり情報交換してることが多いですね

（ジョビ好きの友達が欲しい……）

共通の趣味をもった、いろんな世代の人たちと友達になれる

探鳥会のメリット③ 学術的な情報の蓄積

探鳥会の多くでは最後に「鳥合わせ」を行い結果を記録として残します

こんな感じのリストですね

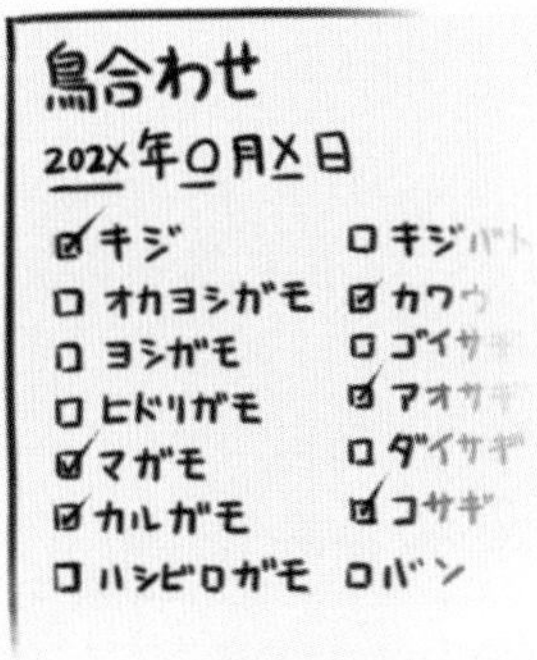
鳥合わせ
202X年○月×日
☑キジ
□オカヨシガモ
□ヨシガモ
□ヒドリガモ
☑マガモ
☑カルガモ
□ハシビロガモ
□キジバト
☑カワウ
□ゴイサギ
☑アオサギ
□ダイサギ
☑コサギ
□バン

はい、これは参加者間の情報共有の意味もありますが鳥の生息情報を記録したものとして学術的な価値も高いんですよー

楽しんで探鳥した結果が鳥の研究や自然情報の蓄積に役立っているのであればうれしいですね

探鳥会のメリット④ みんなで見ると楽しい

いろいろとメリットを挙げましたが、結局はこれに尽きますね

探鳥会の例

各都道府県にある「日本野鳥の会」の支部では探鳥会を行っています。会員でなくても200～300円程度の保険料で参加できますよ

WEB

ほかにも地域の市民団体や自治体主催で探鳥会を開催していることがある。チェックしてみよう

Episode11

望遠鏡を使ってみよう

望遠鏡
双眼鏡より倍率が高く
遠くの鳥やじっとしている鳥を大きく見るのに便利な道具である
フィールドスコープやプロミナーとも呼ぶ
入ってますよ
あっ はい ありがとうございます
ショップの人！
おぉー
すごくキレイですねー
・・・
「入ってますよ」・・・か
ワシも新米レンジャーとして初心者を導いてやらねば・・・
まだ
鳥見歴半年
半井《なからい》 人前《ひとまえ》
「入ってますよ」
望遠鏡の視野に鳥が入っているという意味。
これをしてあげられる人はカッコイイ
入ってますよ

あれ何かなー
双眼鏡じゃわからんな
!
白っぽく見えるな
もしかしてオオタカじゃね
誰かスコープ持ってない?
【オオタカ】遠目でも白いお腹が目立つ
ド
ン!
ザ
ザ
く
わっ
捉え…
カサ
入ってますよ…ビニール袋が
鳥見あるあるですねー

望遠鏡の基本

望遠鏡は止まっている鳥や、遠くの鳥をじっくり観察するのに便利ですねー

ただし高価な買い物になりますし、必ずしも必要ではありません自分の鳥見スタイルを踏まえて購入を検討してください

ボーナスが出たら買おうかなー

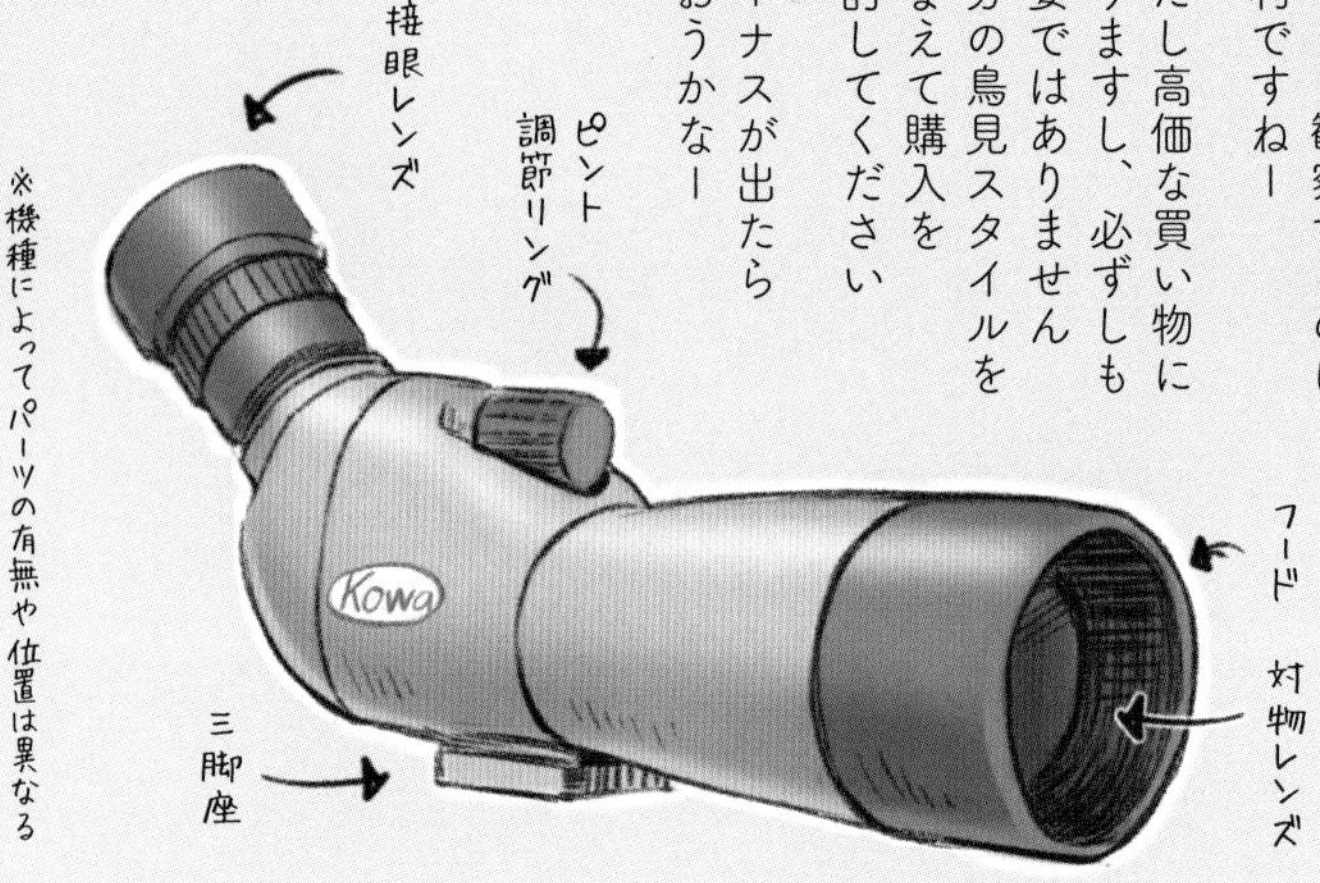

接眼レンズ
ピント調節リング
フード
対物レンズ
三脚座
Kowa
※機種によってパーツの有無や位置は異なる

望遠鏡の種類

望遠鏡にもいろんな機種がありますが形状で分けると直視型と傾斜型の2種類があります用途に応じて使い分けるとよいでしょう

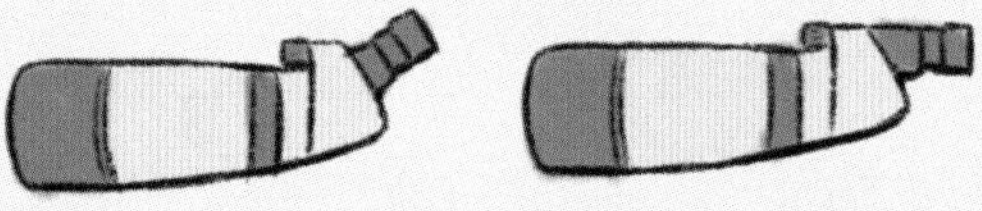

直視型

・目とレンズが一直線で対象を視野に入れやすい
・日本で主流

傾斜型

・高い場所にいる鳥などを観察しやすい
・身長差がある人同士でも共有して使いやすい
・欧米で主流

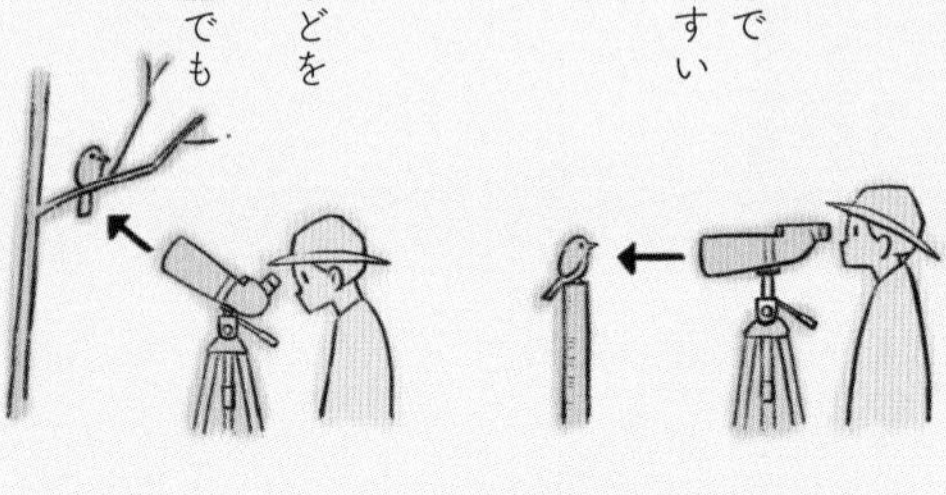

望遠鏡は基本的に単体では使えません三脚や雲台、接眼レンズなどをどう組み合わせるかも重要です

接眼レンズ

倍率が高いほど遠くが見えるが、視野は狭くなるので入れるのが難しくなるぞ

単焦点レンズ

20～30倍程度

初心者にもオススメな汎用性が高い倍率

45～60倍程度

遠くの猛禽類などもよく見える

調査業など仕事での鳥見にも向いている

ズームレンズ

倍率が変えられるタイプ。ただし同じ倍率の単焦点レンズに比べて視野は暗く狭くなる傾向がある

＊機材の種類は非常に多くここで紹介しているのはごく一部

三脚

持ち運びやすさと望遠鏡とのバランスを考えて選ぶといいだろう。あまり小さすぎると、風ですぐに倒れてしまうぞ

小型

軽くて運びやすいが大きな望遠鏡を載せるのには向いてない

大型

望遠鏡でも大きなカメラでも安定して載せられるが持ち運びがたいへん

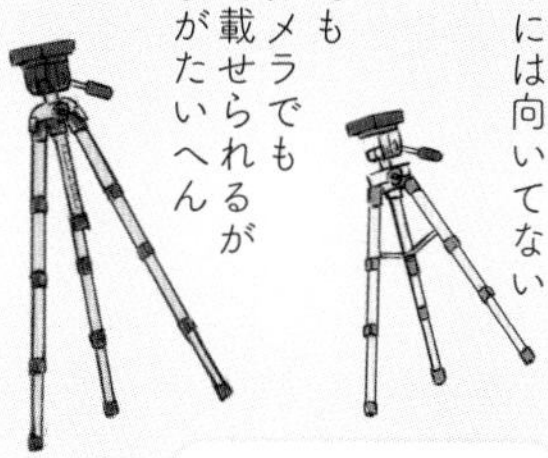

脚の止め方の違い

ナット式

・回して止める

・かさばらない

レバー式

・ワンタッチで止められる

・砂をかみやすい

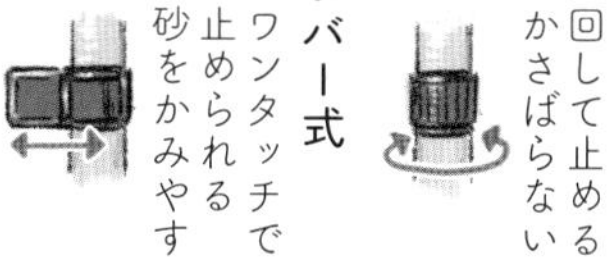

材質の違いもあります カーボン製は軽いですが重くて安定感のあるアルミ製をあえて好む人もいます

奥が深いですねー

雲台

2ウェイタイプ

スタンダードな雲台

固定がしやすい

・しっかりと固定できる

・飛んでいる鳥は追いにくい

ビデオ雲台

ビデオ撮影をしたり動いている鳥を追いながら見やすい

・パン棒が長く視野を微調整しやすい

・しっかりと固定するのは難しい

クリップタイプ

フェンスに固定したり車内から観察するのに便利

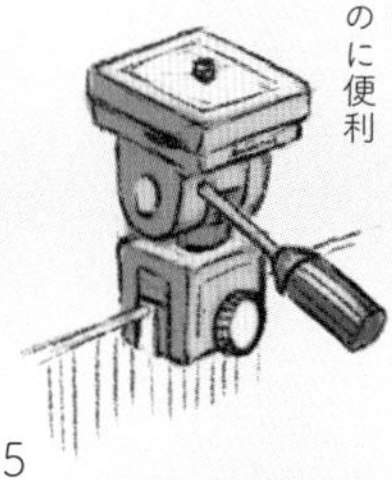

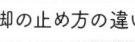

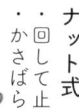

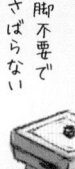

Episode12 樹木を知るともっと楽しい

？
ピーーーヨ
嘴が
変な色！
あー
あれは花粉がついてるんだよ
ツバキ？
近くにツバキの花があるんだろうねー
あっ
あれだ
チー
チー

冬は昆虫の
少ない時期なので
花粉を運んでくれる
鳥たちは樹木にとって
ありがたい存在なんです
よー
蜜を吸って
回ってるだけ
花粉が
嘴につく
樹木と鳥は
つながりが深いので
鳥がよく来る木を
覚えておくと
見つけやすくなり
ますよ
木の実
花
へー
エノキ
(ニレ科)
鳥や昆虫が好きだよ♪
かわいい
樹名板だな
見ていて
楽しい
きっと
ことりさんが
来園者に覚えて
もらえるように
がんばって
作ったんだ
ろうな
フフ…
半井さんの
作ってくださった
樹名板
かわいいって
好評ですよ
ポッ

鳥が好きな樹木（秋〜冬）

身近な樹木で鳥が好きなものは数多くありますここではその一部を紹介します

ツバキ
ヒヨドリやメジロが蜜を吸いにくる
似ている種類のサザンカも好き

ビワ
花は小さいがメジロなどが好んで蜜を吸いにくる

カキ
ヒヨドリやムクドリなど多くの鳥が食べにくる
食べかけにはメジロが果汁を吸いにくる

ムクノキ
小鳥類が実をよく食べる
似ている種類のエノキも好き

エゴノキ
ヤマガラが特によく食べる

エノキ

ムクノキ

エノキは上半分だけ鋸歯（きょし）がある

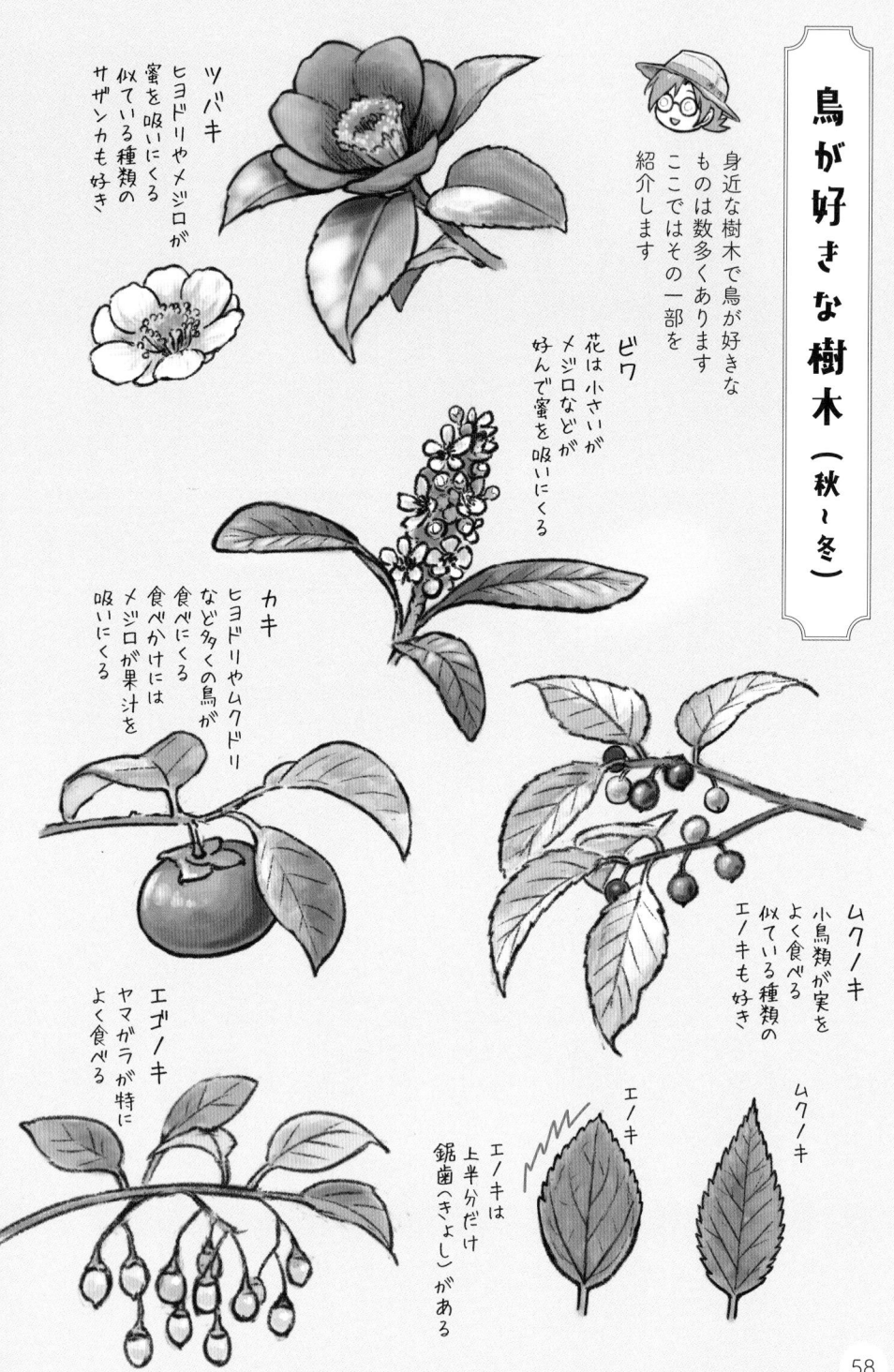

トウネズミモチ

公園によく植えられている
中国原産の樹木。名前は
実がネズミのフンに
似ていることに由来

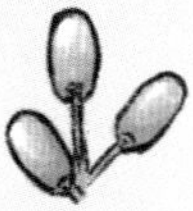

在来種の
ネズミモチ

実が
細長い

ハナミズキ

アメリカ原産で別名
アメリカヤマボウシ
街路樹としてよく
植えられている

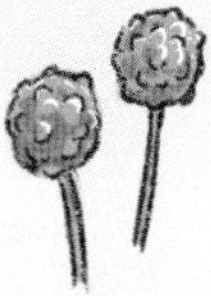

在来種のヤマボウシ
人間が食べてもおいしい

ピラカンサ

赤い実がたわわに実り
とても目立つ
冬が深まるころに
鳥たちは食べはじめる

サクラ類

植えられている数も
多く、花もたくさん
つくので多くの鳥が
来る。夏以降は実も
多く食べられる

ヤマモモ

街路樹としてよく
植えられている
雌雄異株で雌株に
実がなる

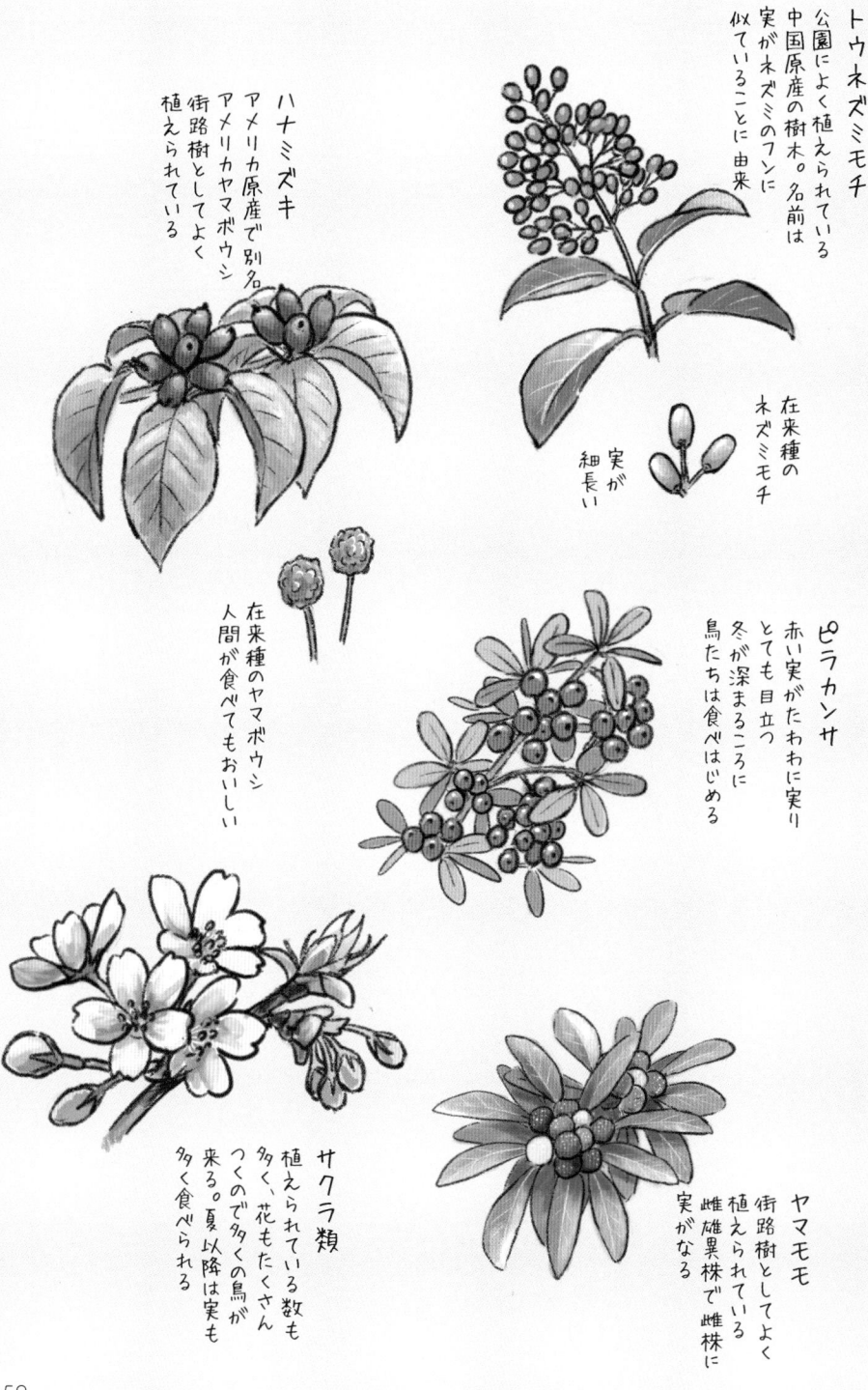

チッ
Episode13
鳴き声を覚えるのは意外と簡単
チッ
チッ
植え込みに何か鳥がいるみたいですね？
うむ アオジじゃろうな
え？ 今の「チッ」だけでわかるんですか？
！
にゅっ
まっ まあの
すごい！ まるで超能力ですね
でも音で覚えるのは実はけっこう簡単なんじゃよ
文字で書くと難しく思えるかもしれないけど
しゅっ
そうなんですか？
そういえば以前ことりさんも
音をよく聴くとイイヨ
って言ってたな

郵 便 は が き

162-0812

お手数ですが 63円切手を お貼りください

東京都新宿区
西五軒町2－5 川上ビル

株式会社
文一総合出版 行

<table>
<tr><td rowspan="2">ご住所</td><td colspan="4">フリガナ</td></tr>
<tr><td colspan="4">〒

Tel.　　　（　　　）</td></tr>
<tr><td rowspan="2">お名前</td><td>フリガナ</td><td>性別</td><td>年齢</td><td>目録送付</td></tr>
<tr><td></td><td>男・女</td><td></td><td>希望する
希望しない</td></tr>
</table>

注文書

野鳥手帳 「あの鳥なに？」がわかります！	定価　1,540円	冊
季節とフィールドから鳥が見つかる	定価　1,760円	冊
	定価　円	冊
	定価　円	冊
	定価　円	冊

※送料は3,300円（税込）までは210円，それ以上は無料。3,300円以上の発送は代引発送（別途手数料330～660円がかかります）。記載の価格には消費税10％を含みます。お電話・ファックス・インターネットでもご注文いただけます。

※ご記入いただいた情報は，ご注文の商品ならびに小社新刊案内等をお送りするために利用し，それ以外での利用はいたしません。

今日からはじめる　ばーどらいふ！　　愛読者カード

平素は弊社の出版物をご愛読いただき，まことにありがとうございます。今後の出版物の参考にさせていただきますので，お手数ながら皆様のご意見，ご感想をお聞かせください。

◆この本を何でお知りになりましたか

1．新聞広告（新聞名　　　　　　　　）　5．書店店頭
2．雑誌広告（雑誌名　　　　　　　　）　6．人から聞いて
3．書評（掲載紙・誌　　　　　　　　）　7．授業・講座等
4．web・SNS（　　　　　　　　　　）　8．その他（　　　　　）

◆この本を購入された書店名をお知らせください

（　　　　市町村　　　　　　書店）・ネット書店（　　　　　）

◆この本について（該当のものに○をおつけください）

	不満		ふつう		満足
価　格	｜	｜	｜	｜	｜
装　丁	｜	｜	｜	｜	｜
内　容	｜	｜	｜	｜	｜
読みやすさ	｜	｜	｜	｜	｜

◆本書へのご意見・ご感想，読んでみたい本のテーマなど

★小社の新刊情報は，まぐまぐメールマガジンから配信されています。ご希望の方は，小社ホームページ（下記）よりご登録ください。

https://www.mag2.com/m/0000188546.html

冬の公園などでやぶから聞こえる「チッ」系の声
チッ
アオジやクロジなど
チッ
ジャッ
ちょっと濁るのはウグイス
（テンポも速い）
チチッ
チチチッ
2〜3声はホオジロ
って具合じゃな
慣れれば簡単だ
でも「チッ」はクロジとかの可能性もあるから
できればちゃんと見たほうがいいぞ
なるほど
パ
シャ
アオジ…？
いやクロジ…？
ずかん
ちゃんと見てもよくわからなかった
アオジのメスで合ってますよー
アオジ♀
クロジ♀
鳥の識別はなかなか奥が深い

鳴き声を覚えると鳥見がもっと楽しくなる

まず鳥の鳴き声は大きく分けると「さえずり」と「地鳴き」があります
一般的にさえずりは複雑で歌のようなフレーズ
一方の地鳴きは単調な音であることが多いです

さえずり
嫁さん募集!
求愛
ここはオレのシマ!
なわばり宣言

地鳴き
存在の確認
いる?
いるよ
あっち行け!
威嚇
飛ぶぞ
OK
合図

地味に聞こえる地鳴きにもいろんな意味があるんですね

今は冬だからあまりさえずりは聞こえないですかね?

種類によっては冬からさえずりが始まります
それに、冬鳥でも暖かい日には少し控えめに歌っていることはありますよ

う−ん……
CDで聞いてみたんですけど実際の声はけっこう違いますね

同じ種類でさえ鳴き声はさまざまですがやっぱりその種類特有のリズムや節回しみたいなものは確かにありますよ

ワシもCDで聴くよりは現地でベテランの人に教えてもらったほうが覚えやすかったぞ

結局それがいちばんの近道でしょうね〜

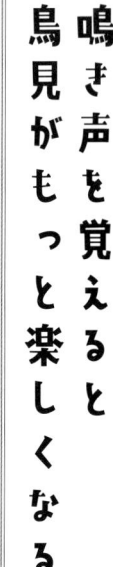

さえずりは聞きなしが覚えやすい

さえずりは、最初は「聞きなし」で覚えるといいですよ

*聞きなし…鳥の声を人間の言葉に置き換えて覚えやすくしたもの

法〜〜…法華経！
ウグイス
ちょっと来ーい！ちょっと来ーい！
コジュケイ
特許 許可局
ホトトギス
ティーチャー ティーチャー
シジュウカラ
センダイムシクイ
焼酎一杯 グィー
ボロ着て奉公
フクロウ

面白い聞きなしがいっぱいですね

ザァァァァァァ
Episode14
ちょっとひと休み
コーヒーブレイク回♪
今日は残念ながら雨なので
鳥見ができず家でゴロゴロしている
ヒマだ…
はぁ…
SNS
12:32
みんなたくさん写真を撮っててすごいなー
図鑑の写真はみんなお行儀の良いポーズだから
識別には便利だけど
キリッ
ジョウビタキ
斜め45度
スズメ目
ヒタキ科
鳥は動物だから
実際にはいろんなしぐさが見られる
…
みんなの撮る野鳥写真は

笑えたり
感動したり
癒やされたり
どれも図鑑とは違う生き生きとした魅力を感じた
ゴロ…
自分もこんな写真を撮れたらなぁ…
マイアカウントのアイコンもいらす○やさんだし…
ジョビオは俺の嫁
@jobi_love
ジョウビタキが好きな初心者バ
です。マイフィールドは近所の公
よろしくお願いします！
…
こんにちは
今度、野鳥撮影のこと教えてもらえませんか？
ことり
OK
ザァァァァ
文一公園
雨だと誰も来ないですねー
ザァァァ
デスクワークが捗る！

双眼鏡やカメラのメンテナンス

野外で双眼鏡を使っていると
どうしてもほこりや汚れがついて
しまいます。そのため定期的な
手入れが必要になりますが
精密機器なので、道具を使って
ていねいに行いましょう

ほこりや指紋、汚れがつきやすい場所

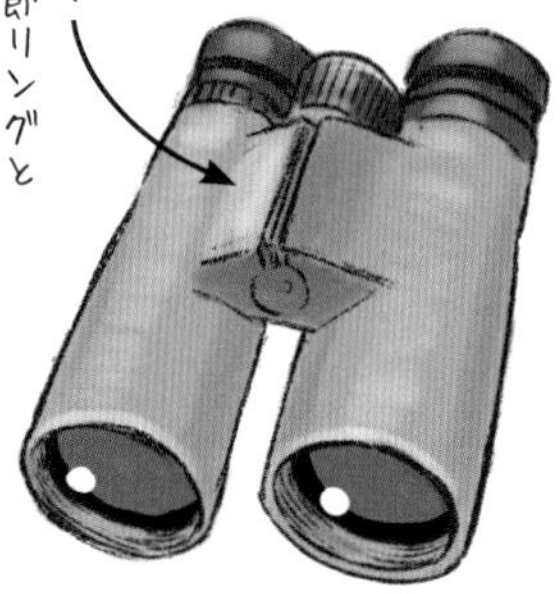
アイカップのすきま
接眼レンズ
ヒンジ部やピント調節リングと本体のすきま
*アイメイクやファンデーションがついてしまうこともある

双眼鏡の基本的な手入れ

ブロワーでレンズやアイカップのすきまなどについたほこりを吹き飛ばす

ブロワー

双眼鏡に付属のクリーニングクロスで中心から外側に向かって優しく拭いていく

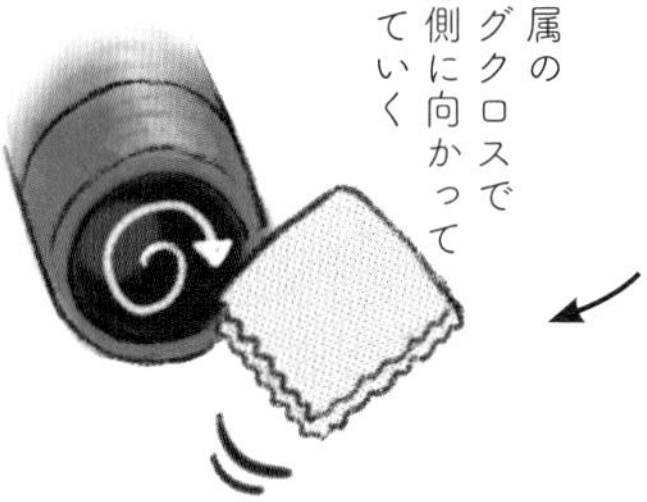

NG やってはいけないこと

ティッシュやハンカチでレンズを拭く

ゴシ
ゴシ

これらは繊維が荒いので
レンズの表面を
傷つけてしまう
クリーニングクロスが
付属していなければ
メガネ拭きやマイクロ
ファイバータオルを使う

双眼鏡同様にカメラのレンズも手入れが必要ですやり方はほぼ同じです

手入れを怠るとゴミや汚れが写ってしまう

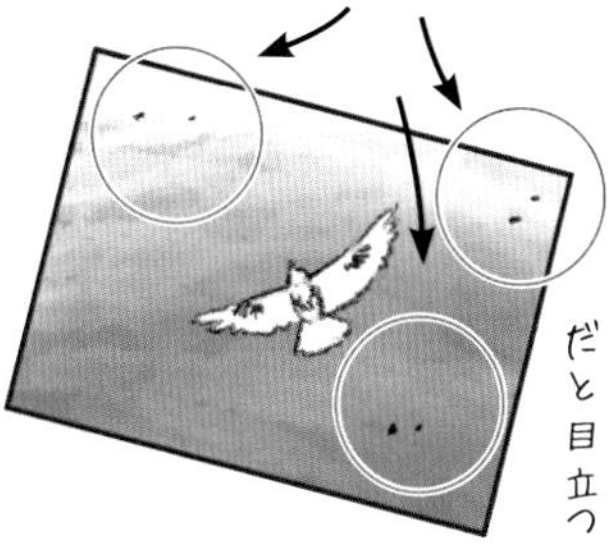

空が背景だと目立つ

ほかにも、こういった道具もあると便利ですよ

レンズペン
手軽に汚れや指紋を取れて便利

クリーニングペーパー（使い捨て）
エタノールが浸透していて出先でもさっと使えて便利

クリーニングリキッド
汚れが強いときに使うとよい

双眼鏡やカメラの保管方法

防湿剤を入れたタッパーやドライボックスに保存するのが理想的

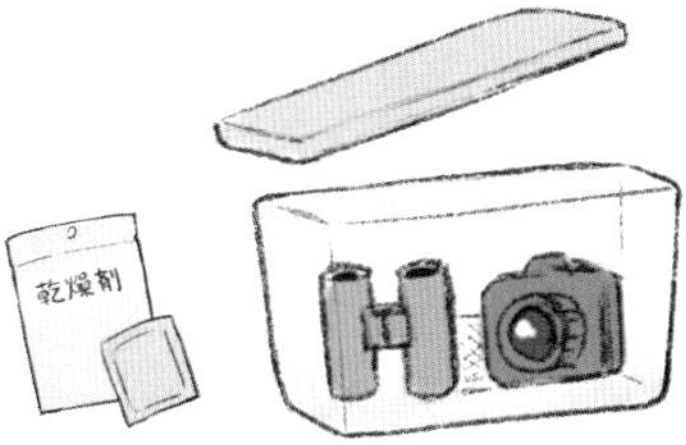

ケースは持ち運び時に使うが、長期保管時は出しておくほうがよいとされる（防湿をしっかりしていれば問題ない）

NG やってはいけないこと

双眼鏡を湿っぽいところ（押入れなど）に長期間放置する

レンズの内側にカビが発生してしまうと簡単には取り除けない

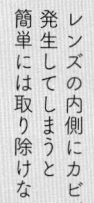

Episode14
野鳥写真を撮ってみよう
Bun1
ウィーン
※超望遠のコンデジを買ってみた
ピピッ
カシャ
おーいいですねー
野鳥撮影って一眼レフとかすごく高価なイメージがありましたけど…
最近のコンデジは進化してるんですね
昔に比べればコンデジやスマスコミラーレスなど選択肢も増えて
野鳥撮影の敷居はぐーーーーっと下がってますね
ジョビオは警戒心も薄いし
これくらいのカメラでも撮りやすいですね
なんかなめられてる？

お
けっこうよく撮れてるじゃん
カメラが「撮ってくれる」んだよ
ほう
たしかにいい写真だね
ザッ
部長?
ちょっといいかね
実は今会社のCSRで環境保全に関するプロジェクトがあるんだが…
環境や自然に詳しい人が誰もいなくてね
よかったら
一緒に昼ご飯でもどうかね?
はい
喜んで
Mail
Document
Photo
Trash

気軽に始められる野鳥撮影

野鳥撮影の方法って
いろいろあるんですねー

最近は野鳥撮影の敷居が
低くなった一方で
機材の選択肢が増えたので
初心者は迷うところも
あるかもしれません

望遠鏡を買ったら
スマスコとかもやって
みたいですね

スマスコは動画撮影も
簡単にできるし、SNSに
すぐアップできるなどの
利点もあります
時代のニーズにもあった
撮影方法といえますね

スマスコは超望遠撮影が
できるのもいいですね～

ほかの撮影法と併用してる人も
多いですよ

【スマスコ】
スマホと望遠鏡の光軸を合わせ、連結させることで撮影する方法。略してスマスコ。連結には専用のアダプターを使ったほうが安定する

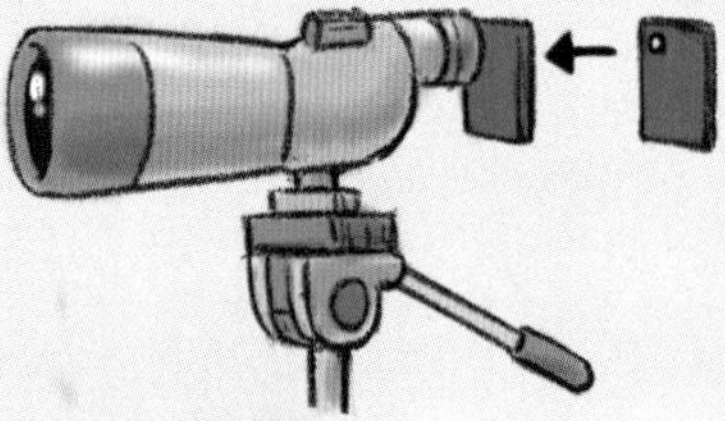

スマホを接眼レンズに
手で押し当ててるだけ
でも一応撮影はできるが
ブレるしケラレ（黒く欠ける
部分）が発生しやすい

ミラーレス一眼とは？

最近よく聞く
「ミラーレス」っていうのは
何ですか？

ミラーレスはその名の通り
「カメラ内にミラーがない」
という意味です

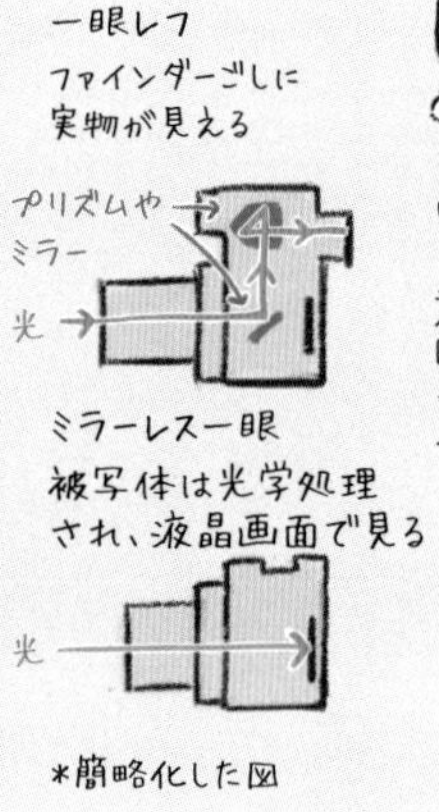
一眼レフ
ファインダーごしに
実物が見える
プリズムや
ミラー
光
ミラーレス一眼
被写体は光学処理
され、液晶画面で見る
光
＊簡略化した図

一眼レフカメラ（一眼レフ）
よりミラーレス一眼のほうが
コンパクトで軽量ですが……
機能面、レンズの種類
バッテリーの持ちなどでは
既存の一眼レフにおよばない
部分もあります
一概にはいえませんが
ミラーレス一眼のほうが携帯性や
コストパフォーマンスなどの面で
よりカメラ初心者向け
といえるでしょうね

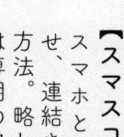

各撮影システムのメリット・デメリット　ざっくり比較

	メリット	デメリット	予算
超望遠コンデジ 	手軽に持ち運びができて、すぐに撮影ができる。AUTO機能などでカメラ初心者にも優しい	焦点距離や解像度はスマスコや一眼レフには及ばない（一部例外あり）背景ぼかしは難しい	3～10万円程度
スマスコやビノスコ（双眼鏡を使ったスマスコ）など 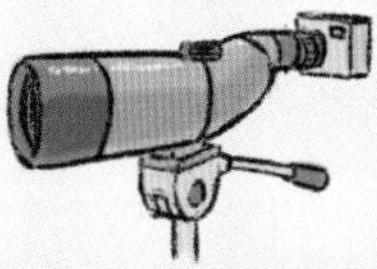	望遠鏡などがあれば比較的低コストで導入できる。焦点距離がずば抜けて長く条件次第では一眼レフに匹敵する写真が撮れる	「鳥を望遠鏡で捉え→アタッチメントを付けたスマホをつなぎ→シャッターを押す」という流れは手間がかかる。また、動いている被写体を撮影するのが難しい	アタッチメントだけならば1～2万円程度 望遠鏡や三脚は別途必要で1～10万円程度
一眼レフやミラーレス一眼 	動きものから止まりものまで、幅広く撮影できる。また、背景のぼかしや高速連写など、野鳥撮影に求められることはほぼすべてできる	撮影には技術と知識、相応の予算が必要 重量があり、三脚なども含めると持ち運びに苦労する	レンズ+本体で最低でも10万円以上

よい写真を撮るためには

ことりさん、よい写真を撮るためのコツってズバリ何でしょうか？

そうですね……技術、知識、機材などいろいろあると思いますが大切なのは、鳥をよく観察することだと思います

観察すること……？

野鳥写真のよし悪しは環境、タイミング、時期時間、被写体の行動などさまざまな条件に左右されますからね～

よく観察して、何を写真で魅せたいかをはっきりさせるってことですかね

よい写真を撮れる人ほど鳥のことをよく観察している人といっても過言ではないと思います

Episode16
フィールドサインを探してみよう

どよーーん…
あっ　こんにちは
今日は久々に元気がないですね
休日だから鳥見に来たのに…
双眼鏡を忘れちゃって
わしわし
エア双眼鏡
あらー
ことりさんは何をしているんですか？
調査です
ヒマなら一緒に探してみますか
調査？
これです
どん
うわっ
モズのはやにえ調査です
※残酷なので若干デフォルメしています

知識としては知ってますけど 実物を見たのは初めてです
引…
モズがいたらトゲのある木や構造物を探せば 意外と簡単に見つかるんですよー
こういうのもありますよ
？
メジロが吸蜜した跡です
爪痕
へー 何の傷跡だろう？って思ってました
これらの鳥の暮らしの痕跡を
足跡
ペリット
羽毛
食痕（食べ跡）
フィールドサインといいます
遠くの鳥だけでなく 近くのフィールドサインを探すのも楽しいですよー
探偵みたいで面白いですね やってみます
なに？双眼鏡忘れたのか？
しょーがないなー
ワシのを貸してやろう
あ 今日は大丈夫っす
そ そう…？
楽しそうだね

鳥たちの暮らしの痕跡
～いろいろなフィールドサイン～

フィールドサインには足跡や食痕羽毛、フンなどいろいろあります

古巣も広い意味でフィールドサインといえそうですね

鳥は哺乳類に比べて実物が観察しやすいのでフィールドサインのほうには目がいきづらいですがフィールドサインからわかることもいろいろあります

フィールドサインを観察した経験はふだんの鳥見にもきっと役立つぞ

キレイな羽毛を集めたりするのも面白そうですね

羽毛

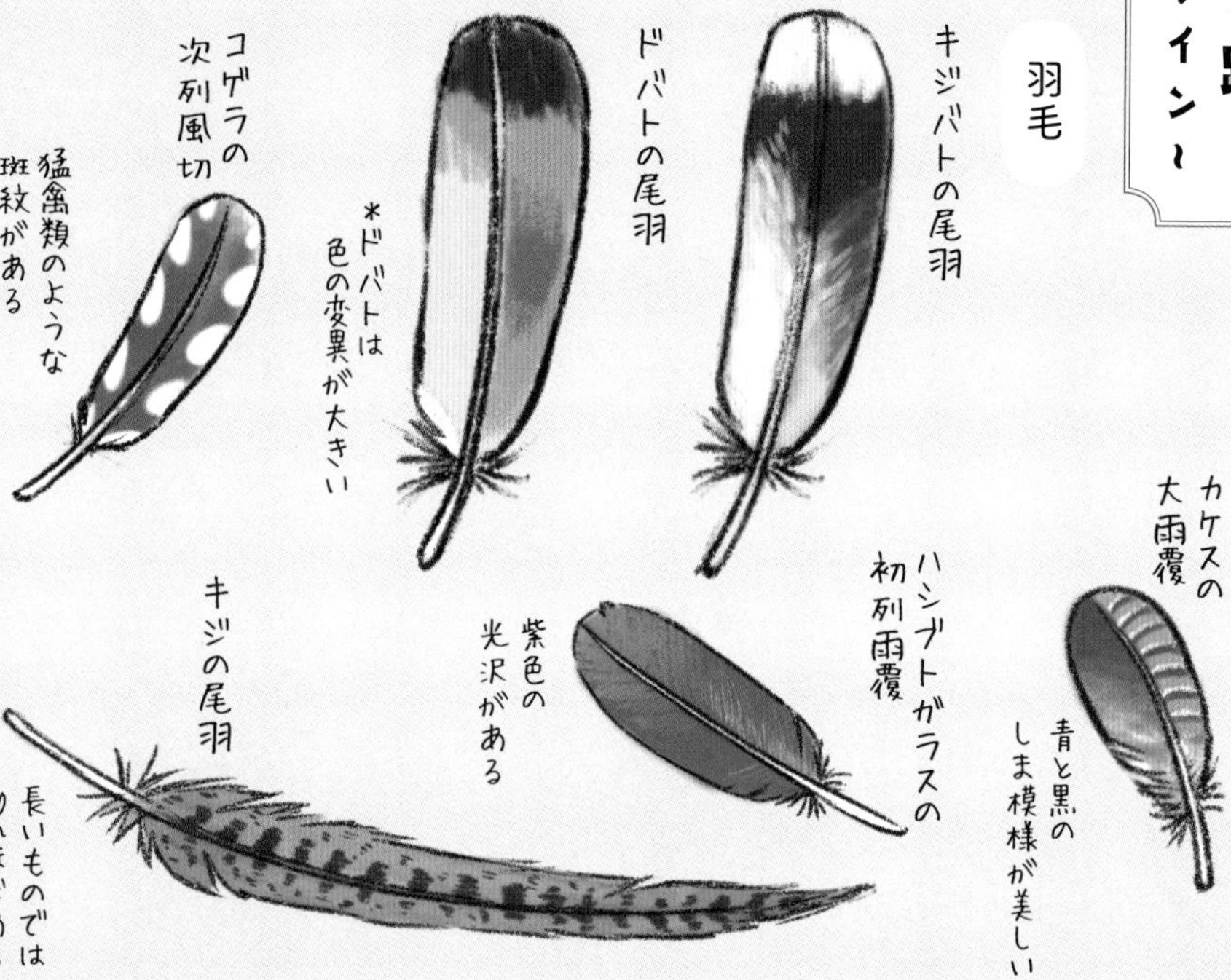

キジバトの尾羽
ドバトの尾羽
*ドバトは色の変異が大きい
コゲラの次列風切
猛禽類のような斑紋がある
カケスの大雨覆
青と黒のしま模様が美しい
ハシブトガラスの初列雨覆
紫色の光沢がある
キジの尾羽
長いものでは30cmほどある

羽毛の種類

正羽
羽軸と羽弁がしっかりあって飛翔に役立つ

羽弁
羽軸

綿羽
いわゆるダウンの部分で正羽の下に生えている

半綿羽
羽軸はあるが綿羽のようなやわらかい羽

古巣

カラスの巣
住宅地では
ハンガーがよく
使われている

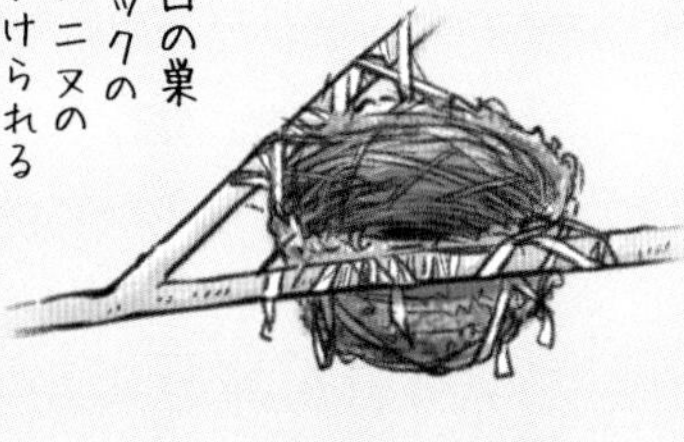

メジロの巣
ハンモックの
ようにニヌの
枝にかけられる

キジバトの巣
皿状に雑に
組まれている

食痕

オオタカが
ハトを襲った跡

スズメやインコが桜
をちぎった跡

アオバズクが
甲虫を食べた跡

足跡

干潟や砂浜など
でよく見られる

フン

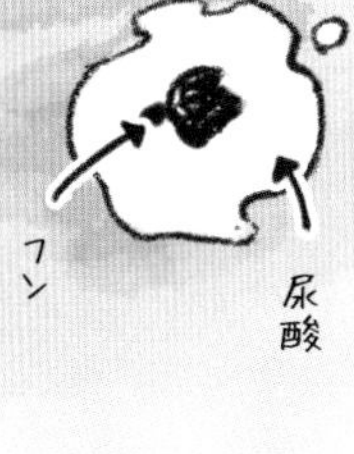

一般的な鳥のフン

ハト類では
とぐろ状になる
ことが多い

Episode17
海辺の鳥を探してみよう
ザザ
ン…
キャ
ワイ
キャ
キャ
みんなで海辺へ鳥見にやってきた
ミユビシギ
パク
パク
パク
波打ち際で行ったり来たりをくり返し採食している
ザザ
波
ザ
トコ
トコ
トコ
トコ
トコ
ミユビシギ
波
スー…
トコ
トコ
トコ
ミユビシギ
はー
カニ
癒やされますねー
ミユビシギは波打ち際の動きがかわいいですよね

!?
バサ
バサ
バサ
な なんだ? 急に飛び立ったぞ
あーあのコが来たからですね
?
ドン!
ハヤブサ 鳥を主食とする猛禽類 崖地に営巣するので海岸に多い
ミユビシギ逃げちゃって残念でしたね
しばらくしたらまた戻ってきますよ
ハヤブサカッケェェ!
初見
残念そうじゃなかった

海辺に鳥見に行ってみよう

冬の海辺では越冬中のカモ類、カモメ類、シギ・チドリ類などが見られます

同じカモ類でも公園とはけっこう種類が違いますね

淡水ガモと海ガモは全然違いますからねー

ヒュウッ

うっ……風が冷たい

海辺は遮るものがないから、防寒対策はしっかりと！ 三脚も風で倒されないように気をつけたほうがいいですね

干潟などの海辺の鳥は距離が遠いので三脚＋望遠鏡があるとよいです

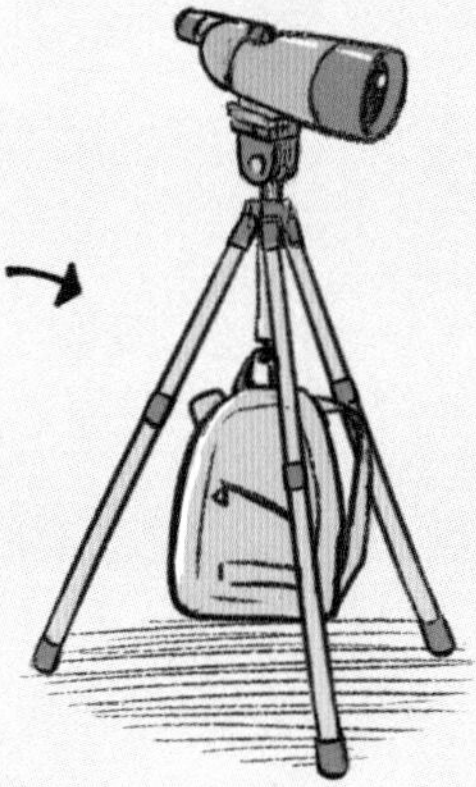
軽い三脚はおもしをつけて
風に飛ばされないように
（ザックでも可）

海辺の鳥

ミサゴ
魚専門の猛禽類
ホシハジロ
オスは顔が赤茶色
潜水し食物をとる
スズガモ
海岸では大群に
なっていることが多い
ハジロカイツブリ
周りにいるカモ類より
ひと回り小さく、眼が赤い
カンムリカイツブリ
周りにいるカモ類より
ひと回り大きく、
頸（くび）が長い

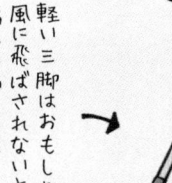

岩礁の鳥
ウミウ
磯に生息するウ
海辺にもカワウが
多いので見分け
には注意
イソヒヨドリ
鳴き声も姿も
美しい磯の鳥
近年は内陸に
進出している
キョウジョシギ
英名「Turn stone」
石をよくひっくり返して
食物を探している
干潟の鳥
アオアシシギ
干潟や河川で
普通に見られるシギ
ハマシギ
大きな群れになって
統率された飛び方をする
シロチドリ
小さくて丸っこい
干潟の普通種
ミユビシギ
(一部が越冬)
波打ち際で群れに
なって採食している

満潮
鳥は別の場所に行っているか
岸辺で休んでいる
シーン…

干潮
干潟に現れた生物を鳥が
採食にやってくる

干潟などの観察では
「潮位」に要注意です
潮が引いたときに
観察できるように
干満の時間は調べて
おいたほうがいいです

WEBで簡単に
確認できるので
便利ですね

Episode18
年齢や性別を見分けて楽しむ
おぉ〜
カモメがいっぱいだー
近場の漁港での探鳥会
カモメはカモメ…だと思っていましたが
けっこう種類がいるんですねー
ずかん
身近なカモメ類
オオセグロカモメ
セグロカモメ
ウミネコ
ユリカモメ
種名が「カモメ」のカモメもいますが西日本で少し見られる程度ですね
THE カモメ
あれ?
あのウミネコの近くの茶色っぽい鳥は…
何て種類ですか?

あーあれは昨年生まれたばかりの「幼鳥」ですよ
へー
なんだ同じ種類かぁ…
…ん？
同じ種類？
あれが
こうなるってことですか？
ウミネコ成鳥
ことですねー
4年ぐらいかかるけどね
変わりすぎでしょ
カモメの仲間は年齢によってかなり見た目が変わりますからねー
なんだか難しそうですね…
最初は難しく感じるかもしれません
しかし…！
羽衣※をよく観察すると同じ種類でも一羽一羽に個性が見えてきて
ぐっと鳥見が面白くなりますよー
そう聞くとカモメ観察も楽しそう…かも
カモメに興味もった？ 銚子※行く!?
いやぁ…それは「まだ」早い気がします
沼の予感…

※本格的なカモメ観察は中〜上級者向けです

※千葉県銚子市にあるカモメ観察のメッカ

※羽毛の色や換羽の状況などの見た目のこと

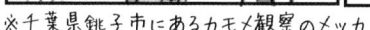

一種類の鳥にいろんな羽がある

羽衣の違いを理解するには
羽の部位名称もある程度
知っておく必要があるので
ここで説明しておきます

これを全部覚えるのは
たいへんそうですねー

いえいえ、ここでお勉強を
する必要はありません
「過眼線ってどこだっけ？」
と、わからなくなったときに
チェックしてみてください
そうやって確認してる
うちに自然と覚えられます

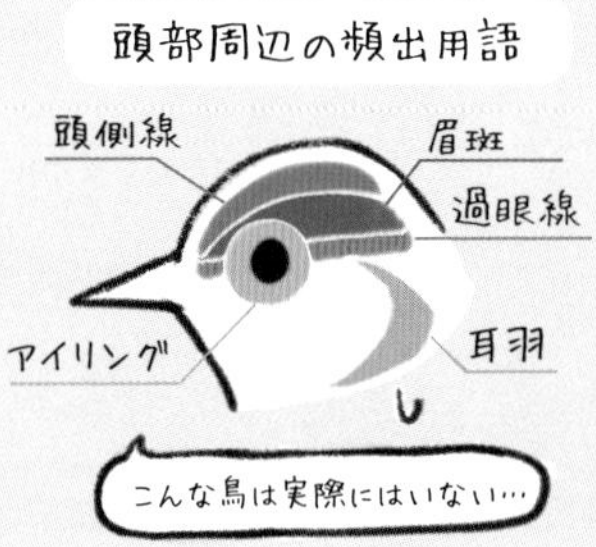
頭部周辺の頻出用語
頭側線
眉斑
過眼線
アイリング
耳羽
こんな鳥は実際にはいない…

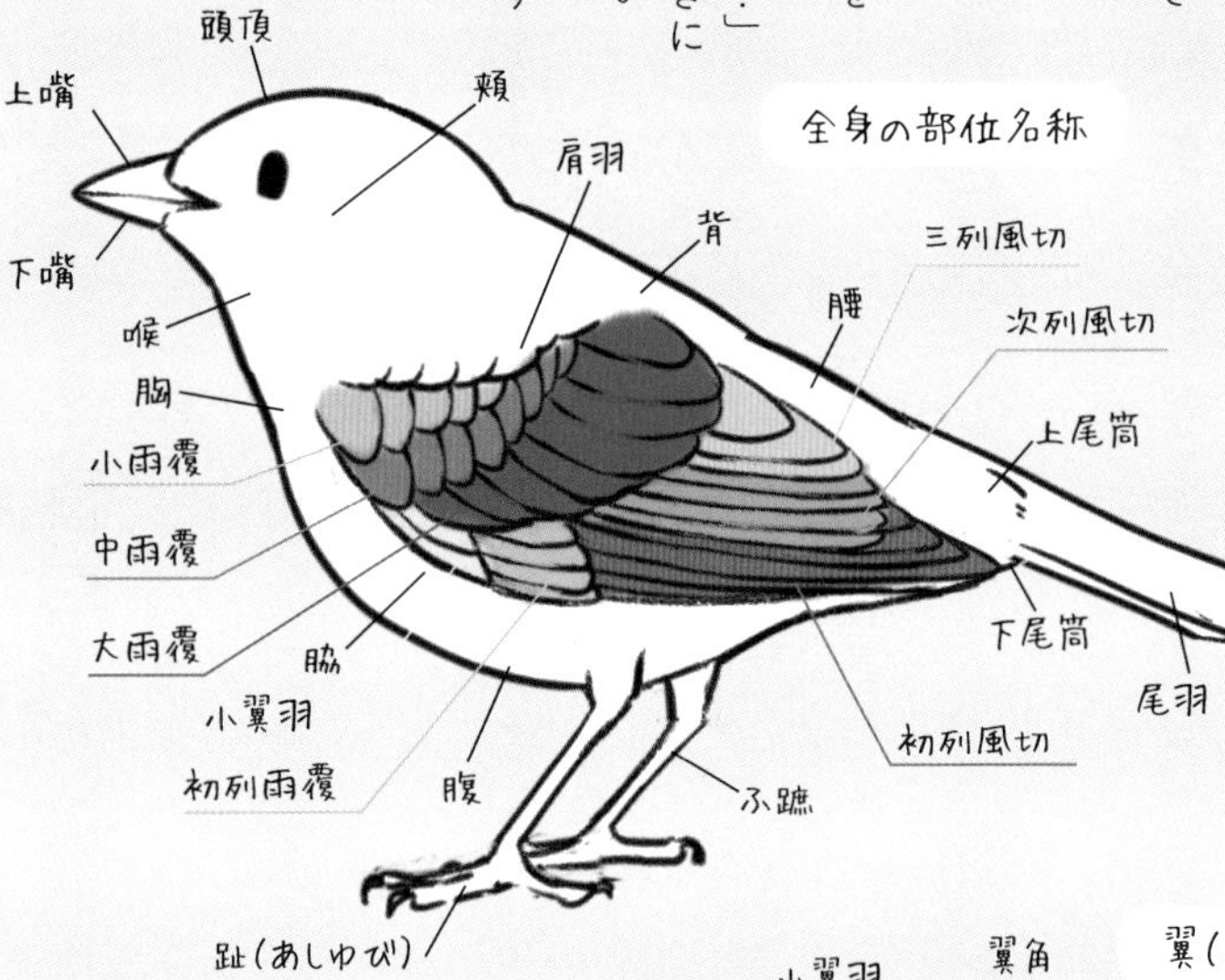
全身の部位名称
頭頂
上嘴
下嘴
頬
喉
胸
小雨覆
中雨覆
大雨覆
脇
小翼羽
初列雨覆
腹
趾(あしゆび)
肩羽
背
腰
三列風切
次列風切
上尾筒
下尾筒
尾羽
初列風切
ふ蹠

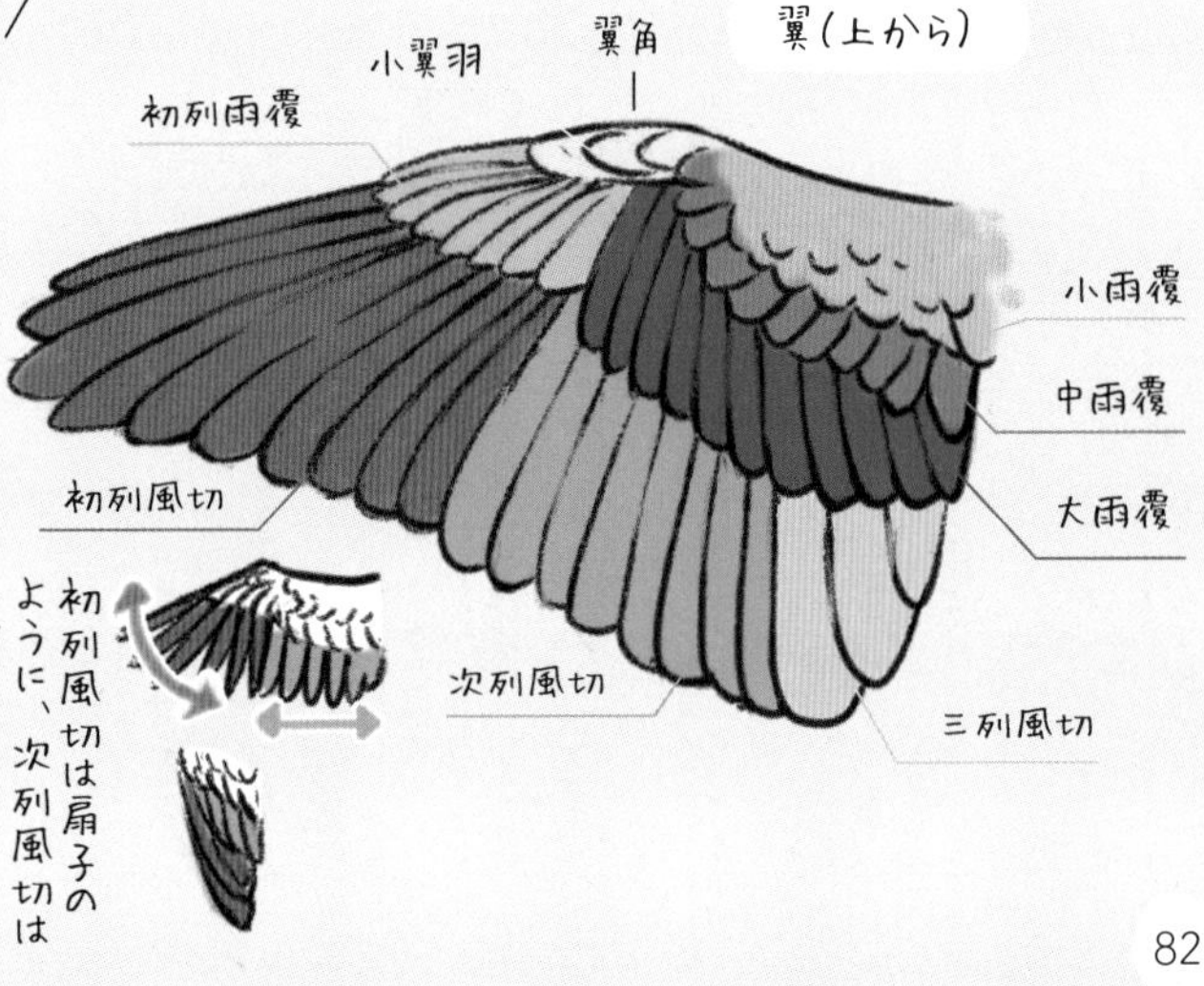
翼(上から)
小翼羽
翼角
初列雨覆
小雨覆
中雨覆
大雨覆
初列風切
次列風切
三列風切

初列風切は扇子の
ように、次列風切は
シャッターのように
閉じる

羽がどうたたまれて
いるのかを理解して
おくといいですよ

いちばん外側の初列風切が
いちばん下に
しまわれるのですね

よく観察してみると意外な羽衣の違いが…？

雌雄で見た目がほとんど同じ種類もいますよね ハトとかカラスとか……

一見雌雄がほとんど同じに見えても、実は違いがあったりしますよ

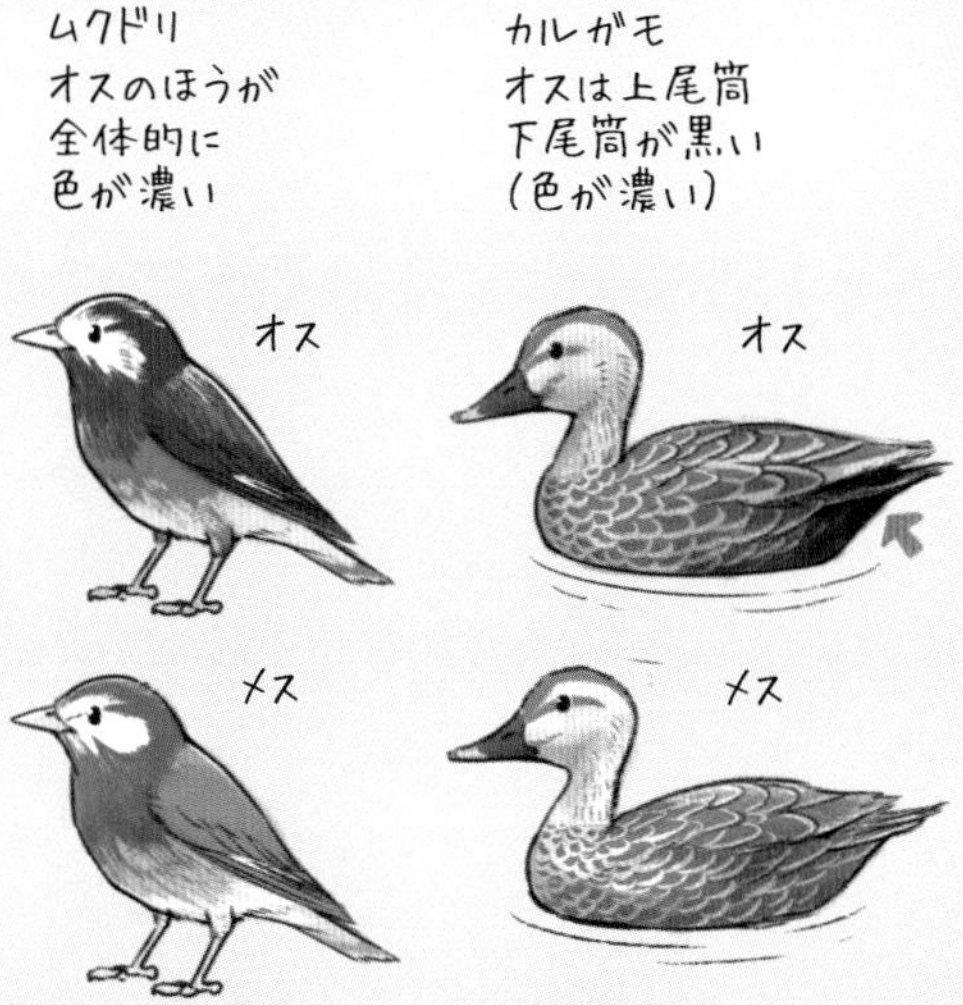
ムクドリ オスのほうが全体的に色が濃い
カルガモ オスは上尾筒 下尾筒が黒い（色が濃い）
オス
オス
メス
メス

巣立ち間もない幼鳥は羽衣が薄いことが多いですね

ヒヨドリ 幼鳥
ムクドリ 幼鳥
シジュウカラ 幼鳥

幼鳥や若鳥はJとか1Wとか数字とアルファベットをよく使いますよね？

例えばJはjuvenile（幼鳥）Wはwinter（冬羽）ですね

使いこなしてるとなんかカッコイイですね

鳥屋の用語ですが慣れれば使いやすいですよ

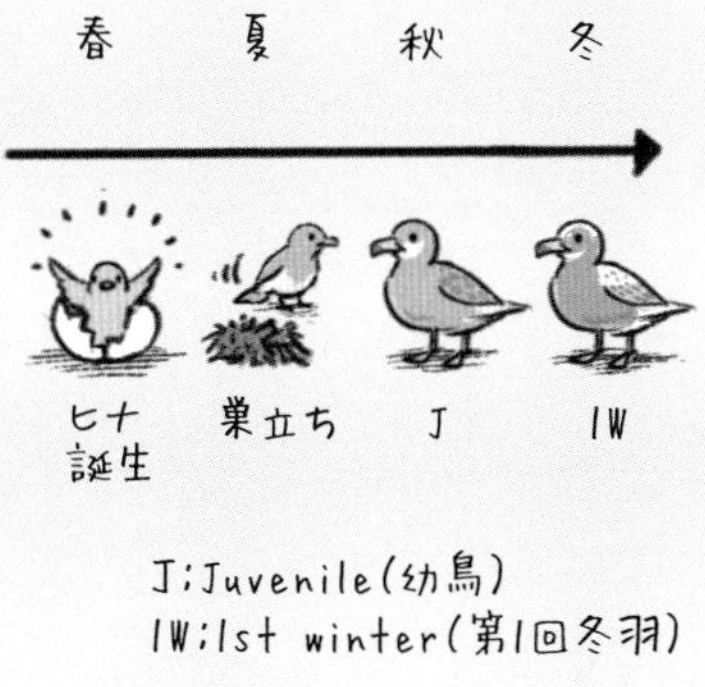
春
夏
秋
冬
ヒナ誕生
巣立ち
J
1W
J;Juvenile(幼鳥)
1W;1st winter(第1回冬羽)

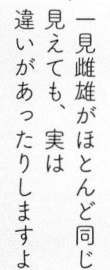

Episode19
里山は鳥の宝庫
仲間たちと
里山に鳥見に
やってきた
こんな中途半端な
自然地よりも…
山に行ったほうが
鳥は見られるん
じゃないのか…?
ジョウビタキ
かな?
ヒッ
ヒッ
ジョウビタキ
じゃなかったけど
キレイで
かわいい鳥だな
ヒッ
ククッ
ルリビタキ
山地で繁殖し
冬に低地へ降りて
くる漂鳥

カケス
キジ
ノスリ
意外といろんな鳥が見られるんですね
そうなんです
里山は人の手が入った二次的自然ですが
人の手が入っているからこそ
いろんな環境がモザイク状にあります
民家
雑木林
果樹園
ため池
草地
竹林
田んぼ
畑
休耕地
川
だから里山では鳥も豊富に見られるのです
…
里山って…
人にとっても鳥にとっても貴重な自然なんだな…
帰りに農産物をたくさん買った
お…重…
買いすぎでは!?
宅配にしたら!?
鳥を見させていただいたお礼と…
これからも里山の環境が保全されることを願って
道の駅

里山の鳥を探してみよう

里山はいろんな環境があるのですね

雑木林、小川、田んぼ、ため池、果樹園、やぶなどさまざまな環境があるので鳥に限らず生物の種類が豊富なのです

街なかでは見られないような鳥たちも多いですね

奥山に比べると人への警戒心がやや薄くて観察しやすいですよ

農地周辺

ノスリ
山地で繁殖し、冬に平地に下りてくる
開けたところでネズミなどの小動物を狩る

タヒバリ
ヒバリと名前がつくがセキレイの仲間
色が地味なので気づきにくい

サギ類
小川などで見られる
春〜夏の田んぼにはアマサギやチュウサギも来ることが多い

ベニマシコ
セイタカアワダチソウなどの果実や種子を食べる
ピッポッという甲高い声

タシギ
じっとしているとわかりにくく
ジェッと鳴いて飛び立ったときに気づくことが多い

小川やため池など

カモ類
冬に多くやってくる水鳥のグループ
流れの速いところにはあまりいない

キセキレイ
セキレイの仲間では比較的上流に生息する
冬には平地や中〜下流部でも見られる

カワガラス
冬のうちから子育てを始めるので、忙しく飛び回ったり川に潜ったりしている

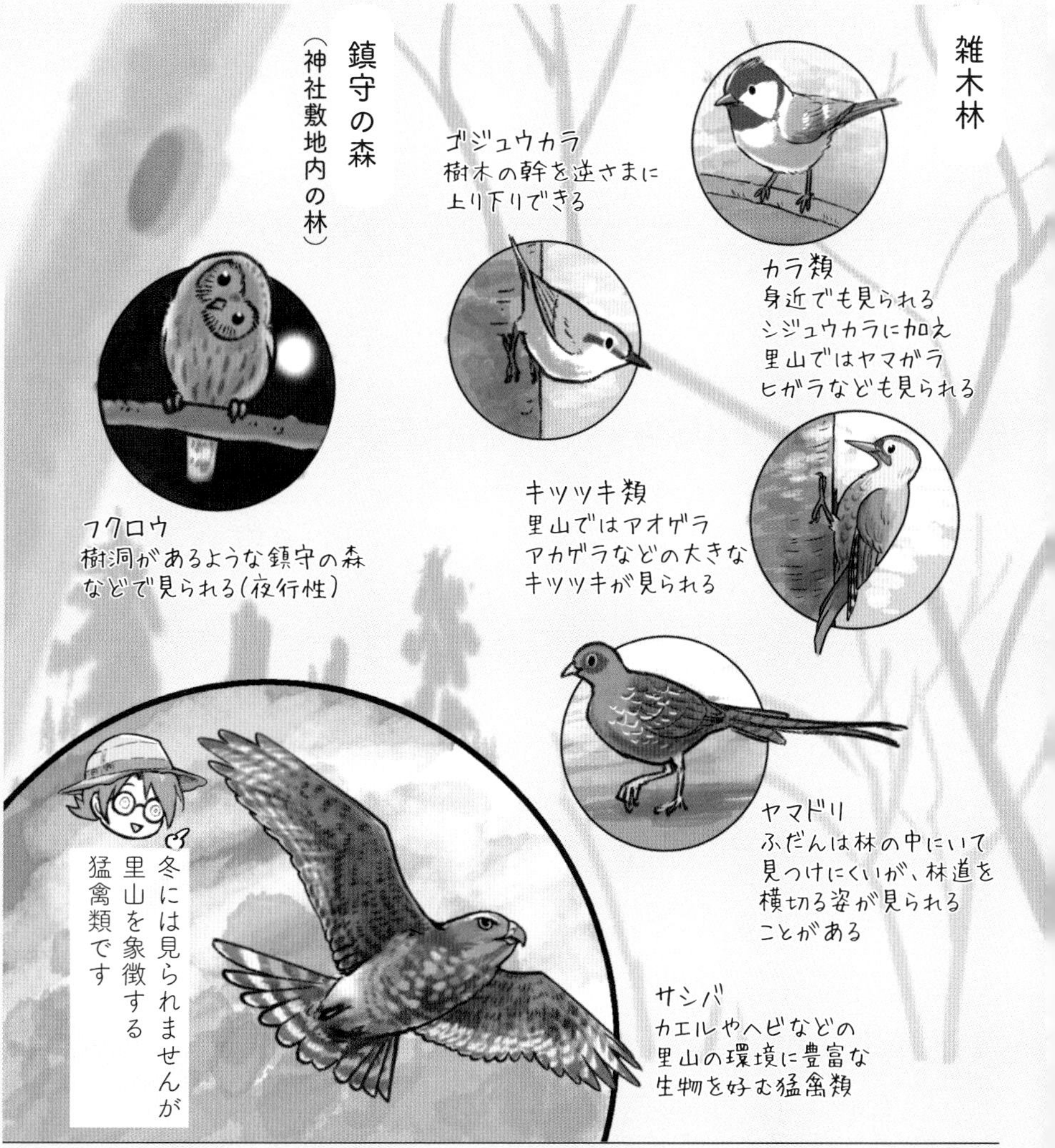
雑木林
鎮守の森
（神社敷地内の林）
ゴジュウカラ
樹木の幹を逆さまに上り下りできる
カラ類
身近でも見られるシジュウカラに加え里山ではヤマガラヒガラなども見られる
フクロウ
樹洞があるような鎮守の森などで見られる（夜行性）
キツツキ類
里山ではアオゲラアカゲラなどの大きなキツツキが見られる
ヤマドリ
ふだんは林の中にいて見つけにくいが、林道を横切る姿が見られることがある
冬には見られませんが里山を象徴する猛禽類です
サシバ
カエルやヘビなどの里山の環境に豊富な生物を好む猛禽類

里山で気をつけたいマナー

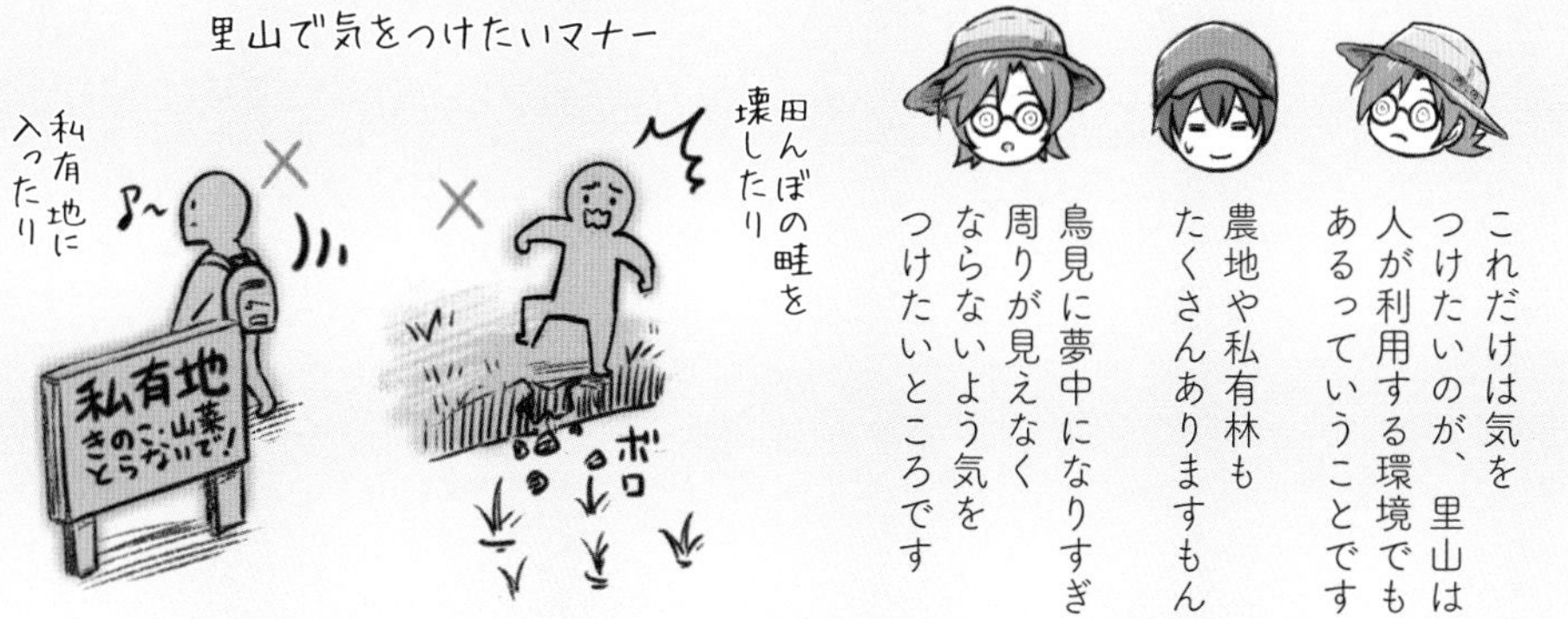
これだけは気をつけたいのが、里山は人が利用する環境でもあるっていうことです
農地や私有林もたくさんありますもんね
鳥見に夢中になりすぎて周りが見えなくならないよう気をつけたいところです
田んぼの畦を壊したり
ボロ
私有地に入ったり
私有地
きのこ、山菜とらないで！

Episode20
鳥見旅に行ってみよう
一月一日
元旦
仲間たちと
鳥見旅に
やってきた
ほかにも全国
からやってきた
人たちが
誰も何も
しゃべらないで
じっと同じ方向を
見つめている
もうすぐ
だ…

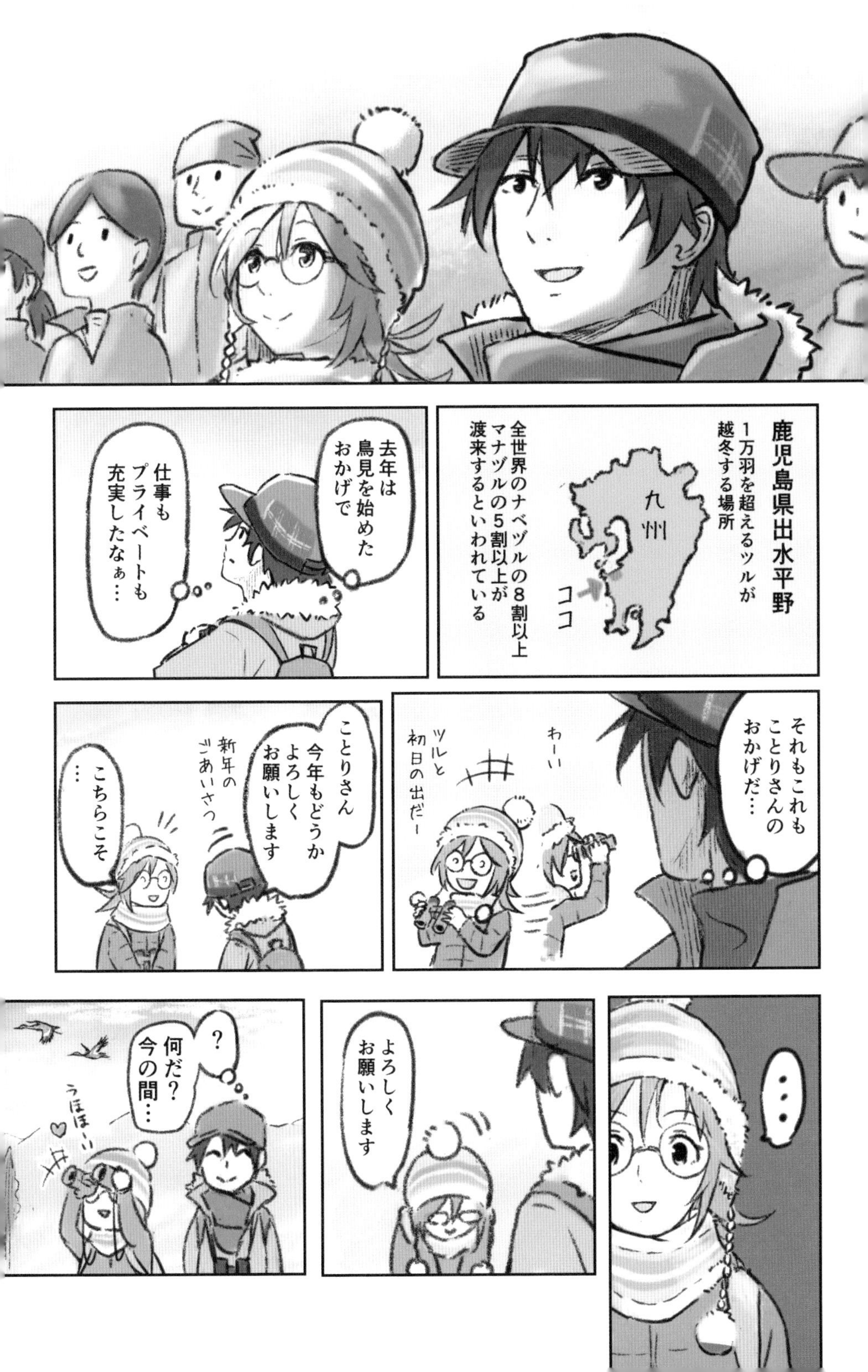
鹿児島県出水平野
1万羽を超えるツルが越冬する場所
九州
ココ
全世界のナベヅルの8割以上マナヅルの5割以上が渡来するといわれている
去年は鳥見を始めたおかげで
仕事もプライベートも充実したなぁ…
それもこれもことりさんのおかげだ…
わーい
ツルと初日の出だー
ことりさん今年もどうかよろしくお願いします
新年のごあいさつ
こちらこそ…
…
よろしくお願いします
?
何だ? 今の間…
うほほーい

鳥見の旅に出かけよう

旅行はそれ自体が楽しいですが、そこに鳥見が加わるともっと楽しいものになります

旅行＋鳥見でもう最高ですね

遠出の鳥見はマイフィールドで鳥を見るのとは違う楽しさがあります

出水ではツル以外にも初めて見る鳥がたくさんいて楽しかったです

地域が変わると見られる鳥が全然違いますからねー

宿の料理もおいしかったし温泉も入れて夜は仲間と鳥談義……大満足でした♪

初心者にオススメなのはグループ旅

一人旅も気楽で楽しいですが、最初はグループ旅がオススメですね

やっぱり経験者や現地に詳しい人がいると心強いですね

レンタカーなどをシェアできるのも大きなメリットです
地方での鳥見は基本的に車移動になりますからね

ツアーを利用する

鳥見ツアーをやってる旅行代理店も多いですよね

はい、交通手段や宿の手配をしてくれて、ベテランのガイドさんがすばやく鳥を見つけてくれます

いたれり尽くせりですねー

個人で企画するよりやや割高になりますが旅に慣れてない人や忙しい人に特にオススメですよー

全国の探鳥地

旅行先の候補は全国に無数にありますが、ここでは有名どころの探鳥地をいくつか紹介しておきます

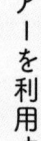

北海道

本土で見る鳥たちと異なる種、亜種が多く見られる
知床、根室、釧路湿原など有名探鳥地はたくさんある

日本海側の離島

舳倉島、飛島など春・秋の渡り時期に行くと珍鳥・迷鳥がたくさん見られる

伊豆沼・蕪栗沼

マガンの越冬地として有名
日の出の飛び立ちと日の入りのねぐら入りは圧巻のひと言

白樺峠

タカの渡り地として有名な場所
伊良湖岬よりも若干高い目線でタカを観察できる

出水平野

ツルの渡り地として世界的に重要な場所。ツル観察センターは観光地としても人気

銚子

種類数・飛来数ともに日本一のカモメ観察のメッカ
漁港付近の海鮮料理もおいしい

伊良湖岬

白樺峠と並んでタカの渡り地として有名な場所

南西諸島

島しょ特有の生態系が形成され奄美大島、沖縄島、さらに南西の石垣島、西表島など島ごとにそれぞれ見どころがある

航路（フェリー）

海鳥観察の定番
大洗―苫小牧航路や東京―伊豆諸島航路が鳥見で人気

Episode21 マナーを守って楽しく鳥見

わさわさ
ある日の公園―
なんだこの人だかりは!?
ちょっと珍しい鳥が出たのか
すみませーん
公園の道を塞がないでくださーい
オウフ
道を空けてくださーい
ことりさん
え？
ガッ

…っと
危ないのでたたんで持ち歩いたほうがいいですよ
あ ああ…
申し訳ない
鳥に興味をもってくれる人が増えるのは喜ばしいことですが…
マナーの問題は難しいですね
ありがとうございます
…
ボクも気をつけたいです
鳥見や撮影って集中力を使うから
夢中になると周りが見えなくなりがちですよね
鳥谷くんのように鳥にも人にも優しい人がいれば
私も安心してここを離れられます
いやいや自分なんかまだまだ…
え？

鳥に優しく

最近は写真撮影の敷居が下がってきたこともあってか鳥見人口が増えてきた一方でマナーのことがよく議論になります

SNSなどで、よく議論されていますね……

鳥見というのはどうやっても少なからず鳥に影響を与えてしまう趣味ですが……できるだけ鳥に迷惑をかけないようにしたいですね

たしかに……鳥を飛ばしてしまったりしたときは申し訳ない気持ちになりますね……

鳥に優しく、「見させてもらっている」ということを忘れないようにしたいものですね
参考までによくない事例をいくつか挙げておきます

鳥に優しくない行動の例

珍鳥や希少種の情報をむやみにやたらに広めて大勢の人を集めてしまう

営巣中の鳥を撮影しようとして近づきすぎ営巣を放棄させる

「繁殖期」に撮影のために鳥の音声を流しておびき寄せる

撮影のために鳥に餌付けをする

人にも優しく

鳥に悪影響を与えて
しまうことも問題ですが
人と人とのトラブルも
よく起きていますねー

自分もベテランの先輩方に
迷惑をかけない
ようにしたいところです……

直接口論にまで発展する
ことはあまりないのですが
後から不満をもらしたり
わだかまりが残ってしまう
ことはよくあるようです

バードウォッチャー同士で
気がついたことは
注意しあえるといいですね

「鳥と人」とは違って
「人と人」のことなので
感情論になる前に
ちゃんとコミュニケーションが
とれるといいでしょうね

人に優しくない行動の例

道の真ん中に三脚を広げっぱなしにして人の通行を阻害

双眼鏡やレンズを人や人の家に向ける

話し声や物音でほかの人が観察中の鳥を逃してしまう

三脚をたたまず人や物にぶつける

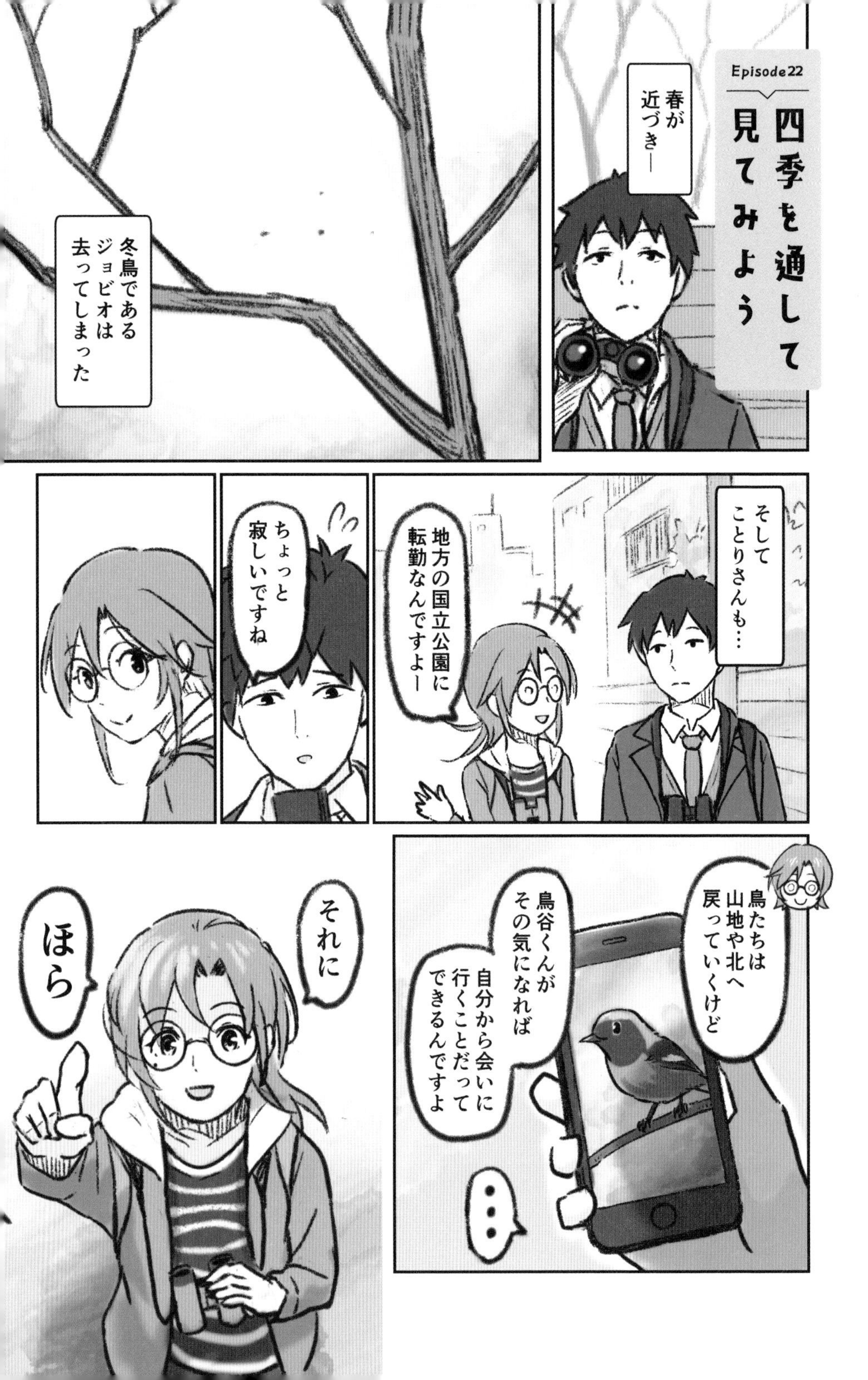
Episode22
四季を通して見てみよう
春が近づき――
冬鳥であるジョビオは去ってしまった
そしてことりさんも…
地方の国立公園に転勤なんですよー
ちょっと寂しいですね
鳥たちは山地や北へ戻っていくけど
鳥谷くんがその気になれば
自分から会いに行くことだってできるんですよ
…
それに
ほら

春になれば
来てくれる鳥たちもいる
ことりさん
鳥のことをたくさん教えてくれて
ありがとうございました
こちらこそ
野鳥を好きになってくれて
ありがとう

四季を通じて鳥を見てみよう

春
求愛をしたり
交尾をしたりと
繁殖を開始する
ツーピー
ツーピー
ただいま
夏鳥が
やってくる
冬鳥が
去る
サヨナラ
平地でも
渡り途中の鳥が
見られる
オオルリ

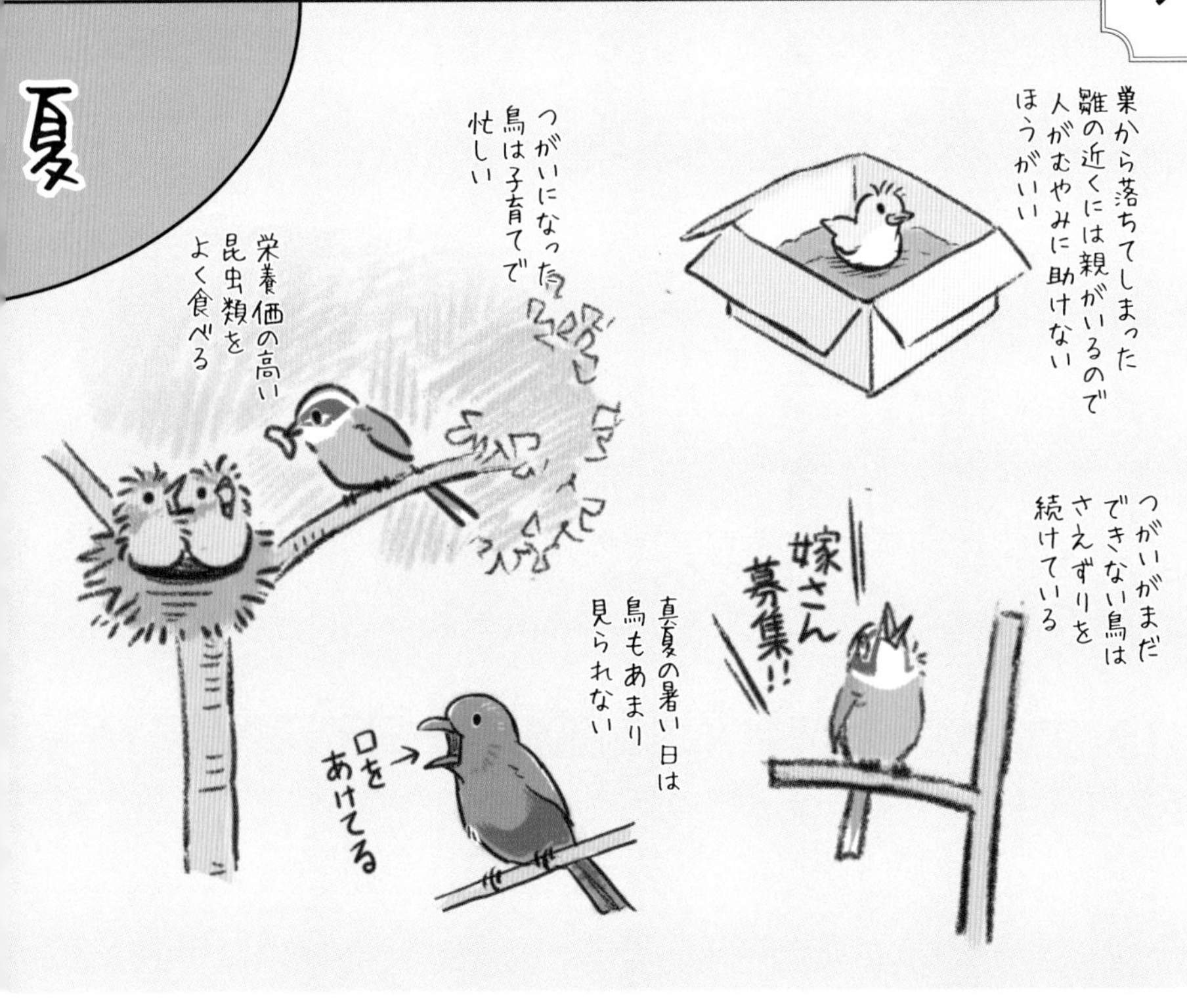
夏
巣から落ちてしまった
雛の近くには親がいるので
人がむやみに助けない
ほうがいい
つがいになった
鳥は子育てで
忙しい
栄養価の高い
昆虫類を
よく食べる
つがいがまだ
できない鳥は
さえずりを
続けている
嫁さん
募集!!
真夏の暑い日は
鳥もあまり
見られない
口を
あけてる

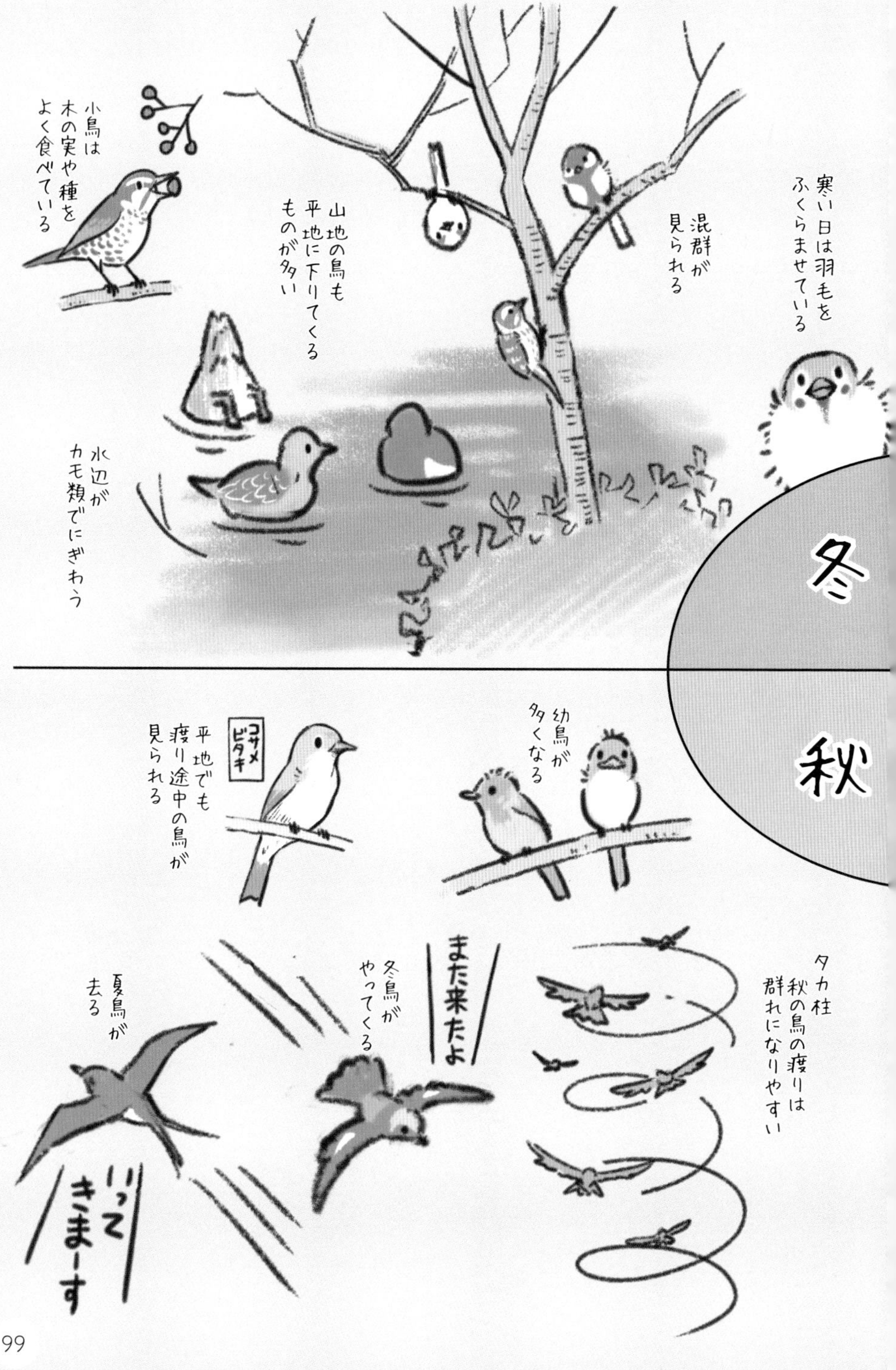
冬
寒い日は羽毛をふくらませている
混群が見られる
山地の鳥も平地に下りてくるものが多い
小鳥は木の実や種をよく食べている
水辺がカモ類でにぎわう
秋
幼鳥が多くなる
コサメビタキ
平地でも渡り途中の鳥が見られる
タカ柱
秋の鳥の渡りは群れになりやすい
また来たよ
冬鳥がやってくる
夏鳥が去る
いってきまーす

マガモ

見られる時期：冬
大きさ：59cm
オスは緑色の顔とまっ黄色の嘴が特徴。

カルガモ

見られる時期：一年中
大きさ：オス61cm　メス51cm
カモ類では唯一、平野部で年中見られる。

キンクロハジロ

見られる時期：冬
大きさ：44cm
後頭からちょこんと出た冠羽が特徴の
白黒の潜水ガモ。

カイツブリ

見られる時期：一年中
大きさ：26cm
カモ類よりふた回りほど小さい水鳥。
潜水して水中の魚やエビを捕食する。

キジバト

見られる時期：一年中
大きさ：33cm
翼のうろこ模様が特徴のハト。
「デデーポーポー」と鳴く。

ドバト

見られる時期：一年中
大きさ：30cm
キジバトより群れでいることが多い。
灰色が多いが羽衣の個体差は大きい。

カワウ

見られる時期：一年中
大きさ：81cm
潜水が得意。水辺で翼を乾かしている姿は恐竜のよう。

幼鳥

ゴイサギ

見られる時期：一年中
大きさ：57cm
ずんぐりした体形。夜行性で日中は寝ていることが多い。幼鳥の姿は成鳥とは別物。

アオサギ

見られる時期：一年中
大きさ：93cm
日本最大のサギ。知らない人にツルと間違われることもある。

ダイサギ

見られる時期：一年中
大きさ：89cm
シラサギ類最大で頸も長い。夏は黒かった嘴が、冬は黄色くなる。

コサギ

見られる時期：一年中
大きさ：61cm
小形のシラサギ類。足の先（趾）の黄色がほかのサギ類と見分けるポイント。

オオバン

見られる時期：一年中（一部で冬鳥）
大きさ：39cm
近年身近になった水鳥。潜水したり、水辺を歩いて植物などをよく採食している。

イソシギ

見られる時期：一年中
大きさ：20cm
尾羽を上下に振って歩く小形シギ。"磯"の名がつくが、川などの淡水域でもよく見る。

夏羽

ユリカモメ

見られる時期：冬
大きさ：40cm
赤い足と嘴が特徴の小形カモメ。
冬は頭が白いが、夏は黒くなる。

ウミネコ

見られる時期：冬
大きさ：47cm
嘴の先端が赤と黒の中形カモメ。「ミャオ」と鳴くことから"海猫"となった。

セグロカモメ

見られる時期：冬
大きさ：60cm
ウミネコよりひと回り大きい。嘴の先に赤い点のある大形カモメ。

トビ

見られる時期：一年中
大きさ：60cm
猛禽類で最もよく見られる。「ピーヒョロロ」と鳴きながら上空を旋回する。

オオタカ

見られる時期：一年中
大きさ：オス50cm　メス56cm
ハトなど、主に中形の鳥類を狩るタカ。近年は都市部の公園で見ることが増えた。

ノスリ

見られる時期：冬
大きさ：57cm
ネズミやモグラなど主に小形哺乳類を狩るタカ。山で繁殖し、冬は平地に下りてくる。

♀

カワセミ

見られる時期：一年中
大きさ：17cm
近年は都市部でも見られる。「チー」と鋭く鳴く。メスの下嘴は赤い。

コゲラ

見られる時期：一年中
大きさ：15cm
最も身近に見られる小形のキツツキ。地鳴きはドアがきしむような「ギー」という声。

モズ

見られる時期：一年中
大きさ：20cm
小鳥を襲うこともある“小鳥”。尾羽をゆっくりと回す動きが特徴。

ハシボソガラス

見られる時期：一年中
大きさ：50cm
名前のとおり嘴がハシブトガラスより細い。農地や河原など開けたところに多い。

ハシブトガラス

見られる時期：一年中
大きさ：56cm
ハシボソガラスより嘴が太く、額が少し出っ張る。都市部でもよく見られる。

ヤマガラ

見られる時期：一年中
大きさ：15cm
茶色いベストを着たようなカラ類。「ニーニー」という地鳴きが特徴。

シジュウカラ

見られる時期：一年中
大きさ：14.5cm
最も身近なカラ類で、木や電線の上でよく鳴く。胸のネクタイ模様が特徴。

ツバメ

見られる時期：夏
大きさ：17cm
夏鳥の代表格。飛翔能力が高く、採食や水浴びも飛びながらする。

ヒヨドリ

見られる時期：一年中
大きさ：27.5cm
街なかで見られる中形の鳥。「ピーヨピーヨ」と大きな声でよく鳴く。

ウグイス

見られる時期：一年中
大きさ：オス15cm　メス14cm
さえずりの「ホーホケキョ」でおなじみだが、やぶにいることが多く、見るのが難しい。

エナガ

見られる時期：一年中
大きさ：14cm
小さい体に長い尾羽。群れでいることが多く、「ヂュルル」という声で気づきやすい。

メジロ

見られる時期：一年中
大きさ：12cm
蜜や果汁を吸うのが好きで、花やカキの実などによくやってくる。

ムクドリ

見られる時期：一年中
大きさ：24cm
オレンジ色の嘴と足が特徴。駅前などの街路樹に大群でねぐらをとることがある。

シロハラ

見られる時期：冬
大きさ：25cm
胸から腹にかけて白っぽい。地上でよく採食しているツグミ類。

アカハラ

見られる時期：冬
大きさ：24cm
胸から脇のあたりが赤っぽい。明るい林床にいるツグミ類。

ツグミ

見られる時期：冬
大きさ：24cm
地上でトコトコ歩いては立ち止まる、という動きをよくくり返している。

♀

ルリビタキ

見られる時期：冬
大きさ：14cm
山で繁殖し、冬に平地に下りてくる。オスは青く、メスや若いオスはオリーブ褐色。

♀

ジョウビタキ

見られる時期：冬
大きさ：13.5cm
胸から腹にかけてオレンジ色。翼に白い斑があるので「紋付き鳥」ともいわれる。

イソヒヨドリ

見られる時期：一年中
大きさ：23cm
近年、海岸から内陸へと進出している。オスは青と赤の配色で、さえずりが美しい。

キビタキ

見られる時期：夏
大きさ：14cm
オスの黒と黄色の羽が美しい。リズミカルなさえずりが特徴的。メスは全身褐色。

オオルリ

見られる時期：夏
大きさ：16cm
オスの姿と声の美しさで「日本三鳴鳥」の一つとされる鳥。メスは全身褐色。

スズメ

見られる時期：一年中
大きさ：14cm
人につかず離れず、最も身近な小鳥の一つ。人工物のすきまに営巣する。

キセキレイ

見られる時期：一年中
大きさ：20cm
腹が黄色のセキレイ類。川の上流域に多いが、冬は平地でも見られる。

ハクセキレイ

見られる時期：一年中
大きさ：21cm
公園の芝地や駐車場などでよく見られる。尾羽を上下によく振っている。

セグロセキレイ

見られる時期：一年中
大きさ：21cm
ハクセキレイに似るが、全体的に黒色味が強く、顔の模様も違う。

カワラヒワ

見られる時期：一年中
大きさ：14cm
「キリリ、コロロ……」と軽やかな声で鳴く、黄色い小鳥。

シメ

見られる時期：冬
大きさ：18.5cm
太い嘴で木や草の実を割って食べる。木のてっぺんによく止まっている。

ホオジロ

見られる時期：一年中
大きさ：17cm
スズメをひと回り大きくして、尾羽を長くした印象。顔の黒いラインが特徴的。

アオジ

見られる時期：冬
大きさ：16cm
やぶの中で「チッ」とよく鳴く地味なホオジロ類。腹は黄色っぽい。

鳥見に役立つおすすめコンテンツ

もっと鳥のことやバードウォッチングについて知りたい人に向けたおすすめの本やWEBサイト、お店や観察施設を紹介します！

書籍

月刊誌『BIRDER』

月刊誌（毎月16日発売）
文一総合出版
B5 判／ 80ページ
定価1,100円（10%税込み）
日本で唯一のバードウォッチング雑誌です。雑誌といっても、一冊ごとの専門性の高さ、内容の濃さは、もはや書籍レベルといっても過言ではありません。定期購読だと少しお得。たくさん出ているので気になる号をバックナンバーで購入するのもグッド！

『季節とフィールドから鳥が見つかる　1年で240種の鳥と出会う』

中野 泰敬 著
文一総合出版
A5判 ／ 112ページ
定価1,760円（10%税込み）
野鳥が見やすい場所を季節ごとに取り上げ、種類ごとの探し方のコツが解説されています。その数240種！

『ぱっと見わけ観察を楽しむ 野鳥図鑑』

石田 光史 著　樋口 広芳 監修
ナツメ社
小B6判／ 400ページ
定価1,650円（10%税込み）
初心者から上級者まで使えるコンパクトな図鑑。これ一冊で、山野から水辺の鳥まで、国内の主要な種は網羅しています。見分けのポイントや探し方のヒントはもちろん、種ごとに観察時の見どころも紹介されています。

『改訂版　鳥のおもしろ私生活』

ピッキオ 編著
主婦と生活社
18×10.5cm／ 223ページ
定価1,320円（10%税込み）
軽井沢で長年、野鳥観察ツアーを開催しているNPOピッキオの書籍。ふつうの図鑑では描ききれない種ごとの面白い生態が満載です。楽しい文章とかわいいイラストとは裏腹に、実は数多くの研究を参考に、しっかりとした科学的知見をベースに構成されているところがすごいです。野鳥に興味があるすべての人に、読み物としてオススメの一冊です。

電子書籍

『図鑑.jp』

デジタル時代ならではの図鑑閲覧サービス。某通販サイトのサービスで例えるなら「いきもの図鑑unlimited」みたいなものです。月額（または年間）使用料を支払えば、植物、野鳥、菌類、昆虫、魚類など、51種（2021年現在）の図鑑が読み放題です。スマホまたはタブレット1台で、何冊もの図鑑を持ち運べることになるのでとても便利です。今後もさまざまな図鑑の追加が期待される、注目のサービスです。

ショップ

【Hobby's World】

知る人ぞ知る、野鳥撮影やバードウォッチングの専門店。双眼鏡、望遠鏡、二脚などの基本機材はもちろん、書籍、ファッショングッズ、雑貨や小物まで、野鳥に関するさまざまな商品を取り扱っています。スタッフもみんなバードウォッチャーなので、細かい要望や質問にも、ていねいに答えてもらえます。実店舗は東京ですが、通販で全国に発送してもらえます。
https://www.hobbysworld.com/
東京都千代田区神田小川町1-6-3　B.D.A神田小川町ビル3階

【日本野鳥の会バードショップ】

野鳥に関する自然保護活動を行っている、日本最大の自然保護団体「日本野鳥の会」の直営店です。バードウォッチングに関する機材はもちろん、オリジナルグッズも豊富にそろっています。特に折りたたみ収納可能な「オリジナル長靴」は、バーダー以外にも野外活動に関わる多くの人に愛されるロングセラーです。
https://www.wbsj.org/shopping/shop/
東京都品川区西五反田3-9-23 丸和ビル 3F

観察施設

春国岱原生野鳥公園ネイチャーセンター

https://www.marimo.or.jp/~nemu_nc/workn/
北海道根室市東梅103
☎0153-25-3047

ウトナイ湖サンクチュアリネイチャーセンター

http://park15.wakwak.com/~wbsjsc/011/
北海道苫小牧市植苗150-3
☎ 0144-58-2505

谷津干潟自然観察センター

https://www.seibu-la.co.jp/yatsuhigata/
千葉県習志野市秋津5-1-1
☎047-454-8416

東京港野鳥公園

https://www.tptc.co.jp/park/03_08
東京都大田区東海3-1
☎03-3799-5031

横浜自然観察の森

https://sancyokohama.sakura.ne.jp
神奈川県横浜市栄区上郷町1562-1
☎045-894-7474

ビュー福島潟

http://www.pavc.ne.jp/~hishikui/index.html
新潟県新潟市北区前新田乙493
☎025-387-1491

豊田市自然観察の森

https://toyota-shizen.org
愛知県豊田市東山町4-1206-1
☎0565-88-1310

湖北野鳥センター

http://www.biwa.ne.jp/~nio/
滋賀県長浜市湖北町今西
☎0749-79-1289

米子水鳥公園

http://www.yonago-mizutori.com
鳥取県米子市彦名新田665
☎0859-24-6139

きらら浜自然観察公園

http://kirara-h.com
山口県山口市阿知須509-53
☎0836-66-2030

油山市民の森

https://www.shimi-mori.com
福岡県福岡市南区大字桧原855-4
☎092-871-6969

漫湖水鳥・湿地センター

https://www.manko-mizudori.net
沖縄県豊見城市字豊見城982
☎098-840-5121

このほかにも観察施設は全国にたくさんあるので、近所の自然公園などに併設されていないか探してみましょう。

数か月後
夏――
とある
国立公園
はあ
はあ
あっ
ことりさ…
！

まだ数か月なのに…すごく久しぶりな気がします
基本的に冬鳥ですけど日本でも繁殖事例が増えてるんですよ
…ことりさん
会いに来ました
うん
ジョウビタキに
でしょ?
え?……
じゃあ…まあそういうことで…
おわり

［著者略歴］

一日一種（いちにち・いっしゅ）

いきものデザイン研究所（http://wildlife-d.xsrv.jp）にて生き物のイラストや漫画の制作を行う。著書に『身近な「鳥」の生きざま事典』（SBクリエイティブ）、『わいるどらいふっ！　身近な生きもの観察図鑑』1～2巻（山と溪谷社）など

ミニ図鑑写真提供（100-107ページ）：中村友洋

本書のご意見，ご感想はこちらのフォームからお送りください

今日からはじめる　ばーどらいふ！

2021年10月11日　初版第1刷発行

著 一日一種

デザイン 向田智也
発行者　斉藤　博
発行所　株式会社 文一総合出版
〒162-0812 東京都新宿区西五軒町2-5 川上ビル
tel:03-3235-7341（営業）　03-3235-7342（編集）
fax:03-3269-1402
https://www.bun-ichi.co.jp/　http://www.birder.jp/
郵便振替　00120-5-42149
印刷　奥村印刷株式会社

ISBN978-4-8299-7236-6　Printed in Japan
乱丁・落丁本はお取り替えいたします。　NDC488　112ページ　A5（148×210mm）

鳥見用語集

【分類に関する用語】

〔**種名**〕 生物を分類する最も重要な単位「種」を表す名前。和名、英名、学名があるが、初心者は和名を知っておけば問題なし。

〔**亜種**〕 鳥の名前は基本的に「種」単位だが、島しょ部などの一部の地域では、同じ種の中でも姿や生態が大きく異なる亜種が多く存在する。種と亜種の違いはあいまいな部分もあり、現在の分類も科学の進展により変わる可能性がある。

〔**外来種**〕 外来生物、鳥では外来鳥とも呼ぶ。人間の活動により、本来の分布域ではない場所に運ばれた生物。鳥ではガビチョウ、ソウシチョウ、ワカケホンセイインコなど。

【羽衣に関する用語】

〔**夏羽**〕 繁殖期の羽。メスへのアピールのため、冬羽より派手な傾向がある。生まれた翌年に初めて夏羽に換羽した個体を、第1回夏羽、略して1S（1st Summer）という。

〔**冬羽**〕 非繁殖期の羽。夏羽に比べると地味な傾向がある。生まれて初めて冬羽に換羽した個体を、第1回冬羽、略して1W（1st Winter）という。

〔**婚姻色**〕 繁殖期に裸出部や羽毛の一部に見られる、鮮やかな色のこと。サギ類の嘴や足などでよく見られる。

〔**エクリプス**〕 秋ごろ、渡来したばかりのカモ類のオスで見られる非繁殖羽。冬羽といわないのは、換羽の時期が特徴的なため。カモ類は冬に繁殖羽（いわゆる夏羽）になる。エクリプスには本来、「月食・日食、覆い隠す」などの意味がある。

【渡り区分に関する用語】

〔**留鳥**〕 1年中同じ場所に「留まる」（長距離の移動をしない）鳥。ただし、日本国内で見れば留鳥であっても、特定の地域からすると季節によって移動する鳥の場合もある。さらに同じ種でも、個体によって移動パターンが異なることもある。以下、それぞれの渡り区分についても同様。

〔**漂鳥**〕 渡りほど長距離ではないが、季節に応じて移動する鳥。一般に繁殖期は山地や北方、非繁殖期は平地や南方に移動する。

〔**夏鳥**〕 春に南方から渡ってきて繁殖し、秋に南方へ渡去する鳥。

〔**冬鳥**〕 秋に北方から渡ってきて越冬し、春に北方へ渡去する鳥。

〔**旅鳥**〕 繁殖も越冬もせず、春や秋の渡り時に通過するだけの鳥。

〔**迷鳥**〕 ふだんは渡来も通過もしないが、台風や何かしらの要因により迷いこんだ鳥。

〔**珍鳥**〕 珍しい鳥のこと。迷鳥や絶滅危惧で特に数が少ない鳥などを指す。

【ちょっと独特なバーダー語】

〔**鳥見**〕 バードウォッチングのこと。さりげなく使えると、ちょっとこなれ感が出る。

〔**入る**〕 迷鳥や珍鳥などのふだんは見られない鳥が現れたとき、情報共有の会話の中で使われる。（例）「〇〇公園に（珍鳥）が入っているよ！」

〔**抜ける**〕 迷鳥や珍鳥が既にその場を去ってしまったときに使う。平日に自由に動けない社会人などは、休日に行って狙っていた鳥が抜けていたらガッカリする。

〔**ライファー**〕 自分が初めて見る鳥に対して使う言葉。種類をたくさん見るのが好きな人はライファーの記録、「ライフリスト」をつけている。ライフリストを他人と比べすぎると、マウントの取り合いに発展することもあるので注意。みんな仲よく鳥見しよう。

〔**入っています**〕 フィールドスコープが目標とする鳥を捉えているという意味。探鳥会などでベテランがスコープの視野に鳥を捉えて、参加者に見せてくれる場面で使われることが多い。見せる人も、見せてもらった人も優しくなれるすてきな言葉。

〔**シギチ**〕 シギ・チドリ類の略語。干潟で主に見られる鳥。羽衣が地味なものが多く、種の識別も難しいグループであるが、そこも含めて中～上級者に人気。